十年后的你，

一定感谢现在拼命的自己

晓慧／著

文汇出版社

图书在版编目（CIP）数据

十年后的你，一定感谢现在拼命的自己 / 晓慧著 .
-- 上海：文汇出版社，2017.1
ISBN 978-7-5496-1939-9

Ⅰ . ①十… Ⅱ . ①晓… Ⅲ . ①散文集 – 中国 – 当代
Ⅳ . ① I267

中国版本图书馆 CIP 数据核字（2016）第 299613 号

十年后的你，一定感谢现在拼命的自己

出 版 人 / 桂国强
作　　者 / 晓　慧
责任编辑 / 乐渭琦
封面装帧 / 姚姚设计工作室

出版发行 / 文匯出版社
　　　　　上海市威海路 755 号
　　　　　（邮政编码 200041）
经　　销 / 全国新华书店
印刷装订 / 三河市京兰印务有限公司
版　　次 / 2017 年 1 月第 1 版
印　　次 / 2019 年 1 月第 2 次印刷
开　　本 / 710×1000　1/16
字　　数 / 198 千字
印　　张 / 15

ISBN 978-7-5496-1939-9
定　价 : 36.80 元

　　每个人都有梦想，有很多很多想做的事情，但是，时间久了，有些人就忘记了。忘记了曾经的万丈豪情，忘记了曾经许下的那些诺言。在沙丁鱼罐头一般的地铁里，在逼仄的格子间里，空耗自己的青春年华，不知不觉，迷茫代替了坚定，理想变成了无助，笑容扭成了愁容。

　　我们常说，生活会给予我们想要的一切，但如果没有跨急流攀险峰的胆魄，没有全力以赴抵达理想彼岸的壮志，遇到荆棘和泥泞就轻易退却，遭受跌倒和伤痛就选择放弃，那么我们再怎么歌唱诗和远方，生活本身依然会是一潭死水。

　　许多人都希望找到喜欢的生活状态，使自己过得自由、充实、快乐和满足，但这样美好的状态，不是动动嘴，或是做一个美梦就可以实现的，它需要我们比别人多努力百倍、多付出百倍，甚至是多折磨百倍，才可能拥有。

　　理想中的生活状态令人着迷，毫无疑问，那就是我们最为笃定的"远方"。既然我们选定了目标，哪怕前路是刀山火海，也要全力奔赴。因为这是一场艰苦的抵达，是一场脱胎换骨的修行。

　　我们努力，是为了不辜负曾经那些五光十色的梦想；我们奔跑，是为了以更快的速度接近我们心中的目标；我们呼喊，是为了提醒自己前方的路途还很漫长。

　　对于如今这个现实的世界来说，努力和梦想，听上去是那么的虚无缥缈，那么的不切实际。很多人叫嚷着命运不公，抱怨、吐槽成了生活的一部分，甚至有的人已经随波逐流。但这不是真正的人生。每个人都需要一场酣畅淋漓的改变，变得更好。

被命运折磨对每个有追求的人来说，是一种幸运，正所谓凤凰涅槃，浴火重生。人的一生，会面临很多的选择，我们唯一要做的，就是选择适合自己的，选择自己想做的，选择不会让自己后悔的，那个正向的终点。在人生的舞台剧里，做自己人生的主角，演绎自己的人生，不为他人的眼光而活，更不要因畏惧现实而逃避。

也许你刚毕业看不清前面的路；也许你毕业几年，却发现这不是自己想要的生活；也许你囚禁在一个小地方，困顿在一个不理解你的人群中，频频受阻，无法突破。其实这就是成长。有些事，你要亲身去经历；有些路，哪怕是弯路，你要自己去走。

当年华老去，回望过去的岁月，很多人或许会发出这样的感慨："如果我当年懂得那些道理，明白人生存在的意义就好了。"人生几十年，走过就不能回头，因此人生的道路虽然漫长，但关键的地方只有那么几步。我们不能等两腿蹒跚、满头白发之时，再去纠结当年自己为什么一事无成，再去后悔当年自己为什么不去冲，不去拼，也就不会事到如今空余恨。

有些事情，只有年轻的时候才能参透，也只有在年轻的时候，才不怕输，不怕付出。跌倒了爬起来就好，受伤了休息后再出发。现在流的汗水，是为了证明我们没有空耗生命。现在那么拼命，是为了十年后，乃至年老时，不因虚度时光而追悔莫及。成功不会从天而降，它需要我们每天不断地努力、积累。现在拼命努力的自己，一定会找到正确的人生方向，实现自己的价值，改变将来的命运。

目录 Contents

人生有了方向，拼命才有意义

　　高尔夫球教练总是说："方向是最重要的。"其实，人生何尝不是如此。人生并不是什么时候都需要坚强的毅力，毅力和坚持只在正确的方向下才会有用。在必败的领域，毅力和坚持只会让人南辕北辙，输得更惨。大多数情况下，人更需要的是分辨方向的智慧。唯有此，奋斗才有意义。

正确的选择胜于一生的努力

> 选择错了，再怎么努力，都无济于事。
>
> ——劳伦斯

有些人有这样的不解：我也很努力，但是为什么我的生活还是一团糟？因为这些人的心里总有这样一个信念：只要努力，我就一定能做好。

其实，不完全是这样。如果一开始选错了，那么即使你再努力也不会成功。

有一个非常勤奋的青年，很想在各个方面都比身边的人强，但经过多年努力，仍然没有长进，他很苦恼，就向智者请教。

智者叫来正在砍柴的三个弟子，嘱咐说："你们带这位施主到五里山，打一担自己认为最满意的柴。"年轻人和三个弟子沿着门前湍急的江水，直奔五里山。

等到他们返回时，智者站在原地迎接他们。年轻人满头大汗、气喘吁吁地扛着两捆柴，蹒跚而来；其中的两个弟子一前一后，前面的弟子用扁担左右各担4捆柴，后面的弟子轻松地跟着。正在这时，从江面驶来一个木筏，载着小弟子和8捆柴，停在智者的面前。

年轻人和两个先到的弟子，你看看我，我看看你，沉默不语。唯独划木筏的小徒弟，与智者坦然相对。智者见状，问："怎么啦，你们对自己的表现不满意？""大师，让我们再砍一次吧！"那个年轻人请求说，"我一开始就砍了6捆，扛到半路，就扛不动了，扔了两捆；又走了一会儿，还是压得喘不过气，又扔掉两捆；最后，我只把这两捆扛回来了。可是，大师，我已经很努力了。"

"我和他恰恰相反，"那个大弟子说，"刚开始，我俩各砍两捆，将4捆柴一前一后挂在扁担上，跟着这位施主走。我和师弟轮换担柴，并不觉得累，反而觉得很轻松。最后，又把施主丢弃的柴挑了回来。"

划木筏的小弟子接过话，说："我个子矮，力气小，别说两捆，就是一捆，这么远的路也挑不回来。所以，我选择走水路……"

智者用赞赏的目光看着弟子们，微微颔首，然后走到年轻人面前，拍着他的肩膀，语重心长地说："一个人要走自己的路，本身没有错，关键是怎样走；走自己的路，让别人说，也没有错，关键是走的路是否正确。年轻人，你要永远记住：选择比努力更重要。"

上面的故事告诉我们，选择比努力更重要。在学习、生活、工作和爱情、婚姻中，人们总会发出"我也很努力，但就是做不到最好"的感慨。有的人会指责说这话的人态度有问题，不然真努力了，岂有做不好之理？其实归根结底并不是这些人不热爱自己正做的事，而是他们选择的并不是他们最适合的。换言之，要想真正做得得心应手，就要选择正确的人生目标。那么，原来选错了怎么办？不要犹豫，放弃它，去把握属于你的正确方向。

【心灵感悟】

成功者与普通人的不同之处在于他们往往作出了适合自己的正确选择。先选择，找对方向，然后再去努力，才能获得成功。所以，告诫那些心怀梦想的人：选择不对，努力白费。

成功就是知道努力和努力的位置

向着设定好的方向百倍地努力，一定会成功。

——俞敏洪

有一位女作家写过这样的话，"只要嫁对了男人，每个女人都可以是贤妻良母。"就像很多人生价值的实现，都需要找到适合自己的位置，才能将自身的能量毫无保留地释放出来。只有在这时候，人们才能发现原来自己也是独一无二的宝石，在属于自己的位置上，谁都可以大放异彩。但是在没有找到自己的领地时，每个人都是"失败的国王"。

成长有时候就是一种对生命轨迹的寻找，戴维的例子就可以很好地印证这一点。

少年戴维的爸爸是木匠，妈妈是家庭主妇。这对夫妇准备送儿子上大学，所以节衣缩食，一点一点地存钱。戴维读高中二年级时，一天，学校聘请的一位心理学家把这个16岁的少年叫到办公室，对他说："戴维，我看过你各学科的成绩和各项体格检查，仔细研究了你各方面的情况。"戴维插嘴道：

"我一直很用功的。"

"问题就在这里，"心理学家说，"你一直很用功，但进步不大，你的各科成绩都远远落后于其他同学，你对高中的课程有点儿力不从心，再这样学下去，恐怕你就是在浪费时间了。"孩子用双手捂住脸："啊！那样我爸爸妈妈会难过的。他们一直希望我能上大学。"

心理学家抚摸着孩子的肩膀。"人的才能各种各样，戴维，"心理学家说，"工程师不认识简谱，画家背不全九九乘法表，这都是可能的。但每个人都有自己的特长——你也不例外。终有一天，你会发现并发挥自己的特长。到那时，你的爸爸妈妈就会为你而骄傲了。"戴维从此再没去上学。

那时，城里的工作很难找，戴维替人修建园圃、修剪草坪。因为勤勉，所以很忙碌。不久，他的手艺开始受到雇主们的注意，他们称他为"绿拇指"——因为凡经他修剪的花草无不出奇地美丽繁茂。一天，他凑巧走到市政厅后面，一位市政参议员就在他眼前不远处。戴维看到这是一块满是垃圾、污水的场地，便鲁莽地向参议员问道："先生，你是否能答应我把这个垃圾场改为一个美丽的花园？""市政厅没有这笔钱。"参议员说。"我不要钱。"戴维说，"只要允许我去做就行。"参议员大为惊异，他还不曾碰见过哪个人办事不要钱的，于是他把这孩子带进了办公室。

戴维步出市政厅大门时，满面春风，因为他可以清理这块被长期搁置的垃圾场了。当天下午，他拿了几样工具，带上种子和肥料来到目的地。一位热心的朋友给他送来一些树苗，一些相熟的雇主请他到自己的花圃去剪玫瑰枝条，有的则提供做篱笆用的木料。消息传到本城最大的一家家具厂厂长那里，厂长立刻表示要免费承做公园里的条椅。

不久，这块垃圾场地就变成了一个美丽的公园。全城的民众都在谈论，说有一个人办了一件了不起的事。人们通过它看到了戴维的才能，公认他是一位天生的风景园艺家。后来，戴维成了全国闻名的园艺家了。

戴维没学会拉丁文，也不懂法语，微积分对他更是未知数，但园艺和色彩是他的特长。他使年迈的双亲感到骄傲，这不仅是因为他在事业上取得的成就，而且还因为他能把人们的住所装饰得无比舒适和漂亮。

某位哲人说过："人生有限，应该把有限的感情留在最应该使用的地方。"人如果没有遇到真正热爱的职业，就很难用心去做，只是用自己的脑力在谋生。如果他热爱这份职业，就会投入巨大的热情，可以激发自己的兴趣，拥有持久的力量。在没能遇到那样的位置之前，他的很多才能无形之中就会被遮蔽了。

所有人都希望自己的事业可以闪耀、辉煌。人生有限，那些最该珍惜的热情和才能，都不应被岁月埋没。

【心灵感悟】

雄鹰只有进入天空才能自由翱翔，小鱼只有进入江河才能自在游动，狮子只有进入草原才能尽情奔驰。天空、江河、草原就是它们的位置。所以，人只有找准自己的位置，才能充分实现自己的人生价值。

专注于脚下的路，别让他人的成功迷了眼

专注于自己的目标，脚踏实地地去努力，成功非你莫属。

——亚里士多德

一群蛤蟆在进行竞赛，看谁先到达一座高塔的顶端。周围一大群围观的蛤蟆在看热闹。

竞赛开始了，只听到围观者一片嘘声："太难为它们了！这些蛤蟆无法达到目的的，无法达到目的的。"竞赛中的蛤蟆有的开始泄气了，可是还有一些蛤蟆在奋力摸索着向上爬去。

围观的蛤蟆继续喊着："太艰苦了！你们不可能到达塔顶的！"大多数蛤蟆都被说服停下来了，只有一只蛤蟆一如既往地继续向前，并且更加努力地向前。

比赛结束，其他蛤蟆都半途而废，只有那只蛤蟆以令人不解的毅力一直坚持了下来，竭尽全力到达了终点。

其他的蛤蟆都很好奇，想知道为什么它就能够做到！

大家惊讶地发现——它是一只聋蛤蟆！

别人永远只是别人，任何人都不能代替你自己，都不如你自己了解自己。觉得自己行的话，就不必在乎别人怎么说，自己证明给自己看。毕竟，成功与否只是自己的事，与别人无关。

所以，成功的准则之一是——适当的时候，做一个"聋子"。

对那些与我们实现目标无关或是阻挠我们前进的人和事，就要做到不去看、不去听。只有这样，才能把生命的全部力量集中在有建设性的一个方向上，这样我们才不会与成功失之交臂。有时候，获得成功的秘诀可以简单到只需要戴上一副"眼罩"，或者一对"耳塞"。专注自己脚下的路，不要让他人的成功或者失败迷失了双眼。

我们知道一个人要想成功，首先要确立一个奋斗目标，然后更重要的是将目标付诸实施。但是，这些远远不够，更为重要的是把目标变成现实的专心致志，也就是我们所说的做事要专注。

关于专注，中国民间的格言甚多。"鬓发励志，白首不衰"，是说人到了满头白发时，还专注于少年选定的事业。"绳锯木断，水滴石穿"，更是突出了专注无坚不摧的作用，令人奋发图强。所以又有"精诚所至，金石为开"。荀子反复说"用心一也"，就是讲专注。从今天的眼光看，除了有些事例不符合科学外，其阐明的专注与成功的道理，形象透彻，毋庸置疑。

历史一再证明无专注即无成功。李白逃学遇老太婆磨铁杵的故事；唐代诗人贾岛，路上入迷地推敲诗句而迎面撞着韩愈的"推敲"故事；美国大发明家爱迪生，五万次实验终于发明电灯的故事；法国作家福楼拜写《包法利夫人》，写到美丽女主人服毒自杀时，他竟然闻到砒霜的气味，入迷竟至如此……

做事专注，结果如此。在专注的心态下，一件事、一桩事业，从一开始便一步步有条不紊地走向成功。

【心灵感悟】

成就一生最根本的一条法则就是，把精力集中在所做的事情上，想办法把事情做好，而不去理会那些与事情无关的东西。

走专属于自己的成功之路

每个人都是不同的，每个人要走的路也是不同的。

——梵高

有一个很经典的故事：

从前，有位磨坊主和他十几岁的儿子，打算去集市卖掉自家的驴子。为了让驴子保存体力，能卖个好价钱，爷儿俩就把驴腿扎上，一前一后抬着驴走。一个路人看到大笑起来："大家快看这一对傻瓜，竟抬着驴走，驴子不就是让人骑的吗！"听到路人的话，磨坊主也觉得有道理，赶紧把驴子放下，让儿子骑驴，自己跟在后面走。

走了没多远，迎面走来三个商人，年纪较大的那位冲着男孩喊道："年轻人，你怎么好意思自己骑着驴呢，你的父亲是多么辛苦啊，快点儿下来，应该让老人骑着驴！"听了他的话，磨坊主便让儿子下来，自己骑到了驴背上。

又走了一段路，走来了三位姑娘，其中一个指责老人说："你这老头真是过分啊！让一个孩子那么辛苦地走路，自己却骑在驴子上悠然自得。"磨坊主没想到自己这么一大把年纪还会被一个姑娘指责，于是他赶紧让驴放慢了脚步，让儿子一起骑到了驴背上。他想：这下大家该没什么可说的了吧？

可刚走了十几步，又来了一群人，有个人说："这两个人真够狠的！这头可怜的驴走到市场，估计他们就只能出售驴皮了。"磨坊主感到无所适从了，他一时想不到更好的办法，最后决定两人谁都不骑驴了，而是让驴子走在他们的前面。

又有个人对他们说："你们傻不傻，有驴子还不骑，并让驴走在你们的前面，还真有意思。"磨坊主没有理睬他，因为他已经决定不再被别人的话所摆布了。

正如诗人但丁那句名言："走自己的路，让别人说去吧！"自己的路只能自己走，与别人无关。因为没有人代替我们走路，没有人代替我们做决定，没有人能站在我们的立场、角度来看问题。所以，自己的人生要自己做主，自己的命运需要自己主宰。像上文中的那对父子，无论怎么做都会有人反对，如果一味听从别人的意见，正如邯郸学步，会渐渐忘了该怎么走路。人要有自己的主见，不能总被他人的意见所左右。不是说要一意孤行，不接受他人意见，但关键的时候，能够依靠的只有自己。

走专属于自己的成功之路，因为没有人替你成功。

美国职业足球教练文斯·伦巴迪当年曾被批评"对足球只懂皮毛，缺乏斗志"。

贝多芬学拉小提琴时，技术并不高明，他宁可拉自己作的曲子，也不肯做技巧上的改善，他的老师说他绝不是个当作曲家的料。

达尔文当年决定放弃行医时，遭到父亲的斥责："你放着正经事不干，整天只管打猎，捉狗、捉耗子的。"另外，达尔文在自传里透露："小时候，所有的老师和长辈都认为我资质平庸，我与聪明是沾不上边儿的。"

爱因斯坦4岁才会说话，7岁才会认字。老师给他的评语是："反应迟钝，不合群，满脑袋不切实际的幻想。"他曾遭到退学的命运。

罗丹的父亲曾怨叹自己有个白痴儿子。在众人眼中，他曾是个前途无"亮"的学生，艺术学院考了三次还考不进去。他的叔叔曾绝望地说："孺子不可教也。"

托尔斯泰读大学时因成绩太差而被劝退学。老师认为他"既没读书的头脑，又缺乏学习的兴趣"。

如果这些天才按照别人为他们设计的道路走，一辈子也不可能成才。只有走专属于自己的道路，不为他人的议论所左右，才能创造出自己辉煌的人生。

走专属于自己的成功之路，追求一种充实有益的生活，它是个人对自我发展、自我完善和美好幸福生活的追求。

那些每天一早来到公园练武、打拳、跳健美操的人，那些只要有空就练习书法绘画、设计剪裁服装和唱戏奏乐的人，根本不在意别人对他们的姿态和成果品头论足，也不会因没人叫好或有人挑剔就停止练习、情绪消沉，他们的主要目的是满足自己对生活美和艺术美的渴求。

【心灵感悟】

我们要懂得的是，专属于自己的人生之路不在于你所取得成就的大小，而在于你不受他人的影响、努力去实现自我、找到自己成功的最佳方式。

有些事无须犹豫，认准了就努力做好

当你规划好了自己要走的路，那就立刻行动吧。能阻挡你的只有你自己。

——牛顿

世界上生活着这样一类人，他们似乎没有什么烦恼，也没有什么忧愁，他们的一生似乎都注定要等待、要期盼，无数次的机遇从他们的手指间滑落，他们并不在意，因为他们把自认为是崇高无比的一句话放在心里、挂在嘴边："车到山前必有路。"其实这只是一种精神上的慰藉。当你遇到困难时，朋友可以安慰你，老师可以教导你，家人可以鼓励你。但是，最终解决问题的只能是你自己，在最紧要的关头，你也只能靠自己。

家明毕业在即，下一步应该怎么办，有很多的路摆在他面前。大学四年，家明对自己所学的专业并不满意，他想从事一个新的专业，可是他对这个新专业的知识了解得并不多，用人单位又怎么会轻易地录用一个"门外汉"呢？

他没有信心，于是，给自己制订了3套方案：第一，考研，继续学习自己的专业，拿到硕士学位，提升自身价值；第二，找一份自己所学专业的工作，放弃所有好高骛远的想法，老老实实地工作；第三，随便找份工作，半工半读，等到有一定经验之后再考虑转行。

方案虽好，他却开始犹豫了，不知道到底选择哪条路，甚至没有为选择做什么准备。时间一天天地过去，家明总会对自己说："不怕，车到山前必有路，到时候自然就解决了。"别的同学有的认真地为考研备战，有的已经和企业签约，但家明还是一天天地等待着……

家明将为自己的消极等待付出惨痛代价。"车到山前必有路"是我们为自己的懒惰寻找的一个借口，本应该今天办的事情我们却推到明天；本应该当机立断作的决定我们却拖到以后。我们枕着它终日沉溺于缥缈的幻想之中，于是我们生命的光阴便一寸一寸地消耗在我们自以为逍遥无忧的日子中了。是的，我们习惯了等待，习惯了等待每一天都会发生奇迹，我们的意志就在这一次又一次的等待中日渐消磨。

心中有好的想法却不愿或不敢行动起来，只是一味地幻想和等待，类似的事情在你身上也可能发生。我们身边有很多人嘴上说有减肥的想法，却每天重复同样的话"从明天起我就开始减肥"。想想你是不是常常渴望达成某个目标，却没有做出过一丝一毫的努力？要取得成就，只有梦想是不够的，还要拥有要达到目标的决心，配合恰切的行动，坚持到底，方能成功。

行动是实现梦想的捷径，一张地图，无论内容多么翔实，比例多么精确，也永远不可能带着主人周游列国；严明的法规条文，无论多么神圣，永远不可能防止罪恶的滋生；凝结智慧的宝典，永远不可能缔造财富。只有行动才能使地图、法规、宝典、梦想、计划、目标具有现实意义。

艾玛是大学艺术团的歌剧演员。在一次校际演讲比赛中，她向人们展示了一个最为璀璨的梦想：大学毕业后，先去欧洲旅游一年，然后要在纽约百老汇中成为一名优秀的主角。

当天下午，艾玛的心理学老师找到她，尖锐地问了一句："你今天去百老汇跟毕业后去有什么差别?"艾玛仔细一想:是呀,大学生活并不能帮我争取到去百老汇工作的机会。于是,艾玛决定一年以后就去百老汇闯荡。

这时,老师又冷不丁地问她:"你现在去跟一年以后去有什么不同?"艾玛苦思冥想了一会儿,对老师说,她决定下学期就出发。老师紧追不舍地问:"你下学期去跟今天去,有什么不一样?"艾玛有些晕眩了,想想那个金碧辉煌的舞台和那双在睡梦中萦绕不绝的红舞鞋……她终于决定下个月就前往百老汇。

老师乘胜追击:"一个月以后去跟今天去有什么不同?"艾玛激动不已,她情不自禁地说:"好,给我一个星期的时间准备一下,我就出发。"老师步步紧逼:"所有的生活用品在百老汇都能买到,你一个星期以后去和今天去有什么差别?"艾玛终于双眼盈泪地说:"好,我明天就去。"老师赞许地点点头,说:"我已经帮你订好明天的机票了。"

第二天,艾玛就飞赴到世界最高的艺术殿堂——美国百老汇。当时,百老汇的制片人正在酝酿一部经典剧目,几百名各国艺术家前去应征主角。按当时的应聘步骤,是先挑出10个左右的候选人,然后,让他们每人按剧本的要求演绎一段主角的对白。这意味着要经过百里挑一的两轮艰苦角逐才能胜出。

艾玛到了纽约后,并没有急着去漂染头发、买靓衫,而是费尽周折从一个化妆师手里要到了将排的剧本。这以后的两天中,艾玛闭门苦读,悄悄演练。正式面试那天,艾玛是第48个出场的,当制片人要她说说自己的表演经历时,艾玛粲然一笑,说:"我可以给你表演一段原来在学校排演的剧目吗?就一分钟。"制片人首肯了,他不愿让这个热爱艺术的青年失望。当制片人听到传进自己鼓膜里的,竟然是将要排演的剧目对白,而且面前的这个姑娘感情如此真挚,表演如此惟妙惟肖时,他惊呆了!他马上通知工作人员结束面试,主角非艾玛莫属。就这样,艾玛顺利地进入了百老汇,穿上了她人生中的第一双红舞鞋。

艾玛下定决心马上行动，摘下了成功的甜美果实，绽放美丽人生。而我们大多数人，在开始时都拥有很远大的梦想，却很难行动起来。缺乏决心与实际行动的梦想，于是开始萎缩，种种消极与不可能的思想衍生，甚至于就此不敢再存任何梦想，过着随遇而安、乐于知命的平庸生活。

这也是为何成功者总是少数的原因。了解了一些成功者的方法后，你是否真心愿意在此刻为自己的理想认真地下定追求到底的决心，并且马上行动呢？

古希腊哲学家德谟克利特说："只靠一张嘴来谈理想而丝毫不实干的人，是虚伪和假仁假义的。"唯有做到理想与行动二者合一，才有可能让梦想全部实现。

所以，马上行动是一种好习惯。认准了，就去做，实现梦想的概率才会更高。

【心灵感悟】

凡拥有人生大智慧的成功者，都善于当机立断，一旦决定就全力以赴，因为他知道：唯有行动，才能赢在人生的第一回合。

不计较小事，才有能力成大事

　　与其把精力都浪费在一些小事上，以"狮子"的身份和"蚊子"纠缠不清，不如集中精力投放在自己的事业上。生活，是为了幸福；工作，是为了快乐。被小事牵住了，情绪总是受一些不起眼的小事而影响，不仅会使事业禁锢在一个无法突破的"牢笼"之中，还会使生活失去许多的快乐。

爱你所爱之前，先爱你所恨的

没有宽宏大量的心肠，便算不上真正的英雄。

——普希金

不论是美丽的风景还是艰难的困境，不论是亲人朋友还是对手敌人，心中有爱则可包容万物。这便意味着，我们在爱我们所能接受的一切同时，亦可以爱我们所难以接受的。在爱我们所爱之前，先爱我们所恨的，这是修炼博爱的至高准则。

爱我们所恨是一种忍耐。生活中，对家长的批评、朋友的误解，过多的争辩和"反击"实不足取，唯有冷静、宽容、谅解最重要。相信这句名言："宽容是在荆棘丛中长出来的谷粒。"能退一步，天地自然宽。

忍耐更是一种潇洒。"处处绿扬堪系马，家家有路透长安。"宽厚待人，容纳非议。如果一个人事事斤斤计较、患得患失，那么他就会很累。我们难得人世走一遭，潇洒最重要。

有位先哲曾说："人如果没有忍耐之心，生命就会被无休止的报复和仇恨所支配。"

古希腊的大哲学家苏格拉底，有一天和一位老朋友在雅典城里漫步，一边走，一边聊天。忽然有一个莫名其妙的人冲了出来，打了苏格拉底一棍子就逃走了。他的朋友立刻回头要去找那个家伙算账，但是苏格拉底拉住了他，不准他去报复。朋友说："你怕那个人吗？"

"不，我绝不是怕他。"

"人家打了你，你都不还手吗？"

苏格拉底笑笑说："老朋友，你别生气。难道一头驴子踢你一脚，你也要还它一脚吗？"

有人说忍耐是软弱的象征，其实不然，有软弱之嫌的忍耐根本称不上真正的忍耐。忍耐是人生难得的佳境，一种需要操练、需要修行才能达到的境界。忍耐是一种高尚的美德，它能让你的内心时时充满安详与快乐，也能让你轻松地赢得他人的尊重。

爱自己所恨也意味着宽容。宽容他人就是善待自己。我们的一生会遇见各种各样的人，忘恩负义的人、傲慢的人、欺诈的人、嫉妒的人和孤僻的人。尽管这些品性均不足取，但是我们却能够分辨善恶，因此我们也有能力对这些人表现出宽容和谅解。因为不管他们是什么人，都是我的同伴，即使眼前还没有合作的机会，但是不知道哪一天，我们终究会相遇。

小提琴演奏家艾德蒙先生曾经历了这样一件事。有一天，当他走进家门的时候，突然听到楼上卧室里传来了小提琴的声音。

"有小偷！"艾德蒙先生马上反应过来，急忙冲上楼。果然，一个大约13岁的陌生少年正在那里摆弄小提琴。他头发蓬乱，脸庞瘦削，不合身的外套里面好像塞了某些东西。他被艾德蒙先生抓了个正着。

那少年见了艾德蒙先生，眼里充满了惶恐、胆怯和绝望。

艾德蒙先生愤怒的表情顿时被微笑所代替，他问道："你是丹尼斯先生的外甥琼吗？我是他的管家。前两天，丹尼斯先生说你要来，没想到来得这么快！"

那个少年先是一愣，但很快就回应说："我舅舅出门了吗？我想先出去转转，待会儿再回来。"艾德蒙先生点点头，然后问那位正准备将小提琴放下的少年："你也喜欢拉小提琴吗？""是的，但拉得不好。"少年回答。

"那为什么不拿着琴去练习一下？我想丹尼斯先生一定很高兴听到你的琴声。"他语气平缓地说。少年疑惑地望了他一眼，还是拿起了小提琴。

临出客厅时，少年突然看见墙上挂着一张艾德蒙先生在歌德大剧院演出的巨幅彩照，身体猛然抖了一下，然后头也不回地跑远了。

艾德蒙先生确信那位少年已经明白是怎么回事，因为没有哪一位主人会用管家的照片来装饰客厅。

三年后，在一次音乐大赛中，艾德蒙先生应邀担任决赛评委。最后，一位叫里奇的小提琴选手凭借雄厚的实力夺得了第一名。颁奖大会结束后，里奇拿着一只小提琴匣子跑到艾德蒙先生的面前，脸色绯红地问："艾德蒙先生，您还认识我吗？"艾德蒙先生摇摇头。"您曾经送过我一把小提琴，我珍藏着，一直到了今天！"里奇热泪盈眶地说，"那时候，几乎每个人都把我当成垃圾，我也以为自己彻底完了，但是您让我在贫穷和苦难中重新拾起了自尊，心中再次燃起了改变逆境的熊熊烈火！今天，我可以无愧地将这把小提琴还给您了……"

里奇含泪打开琴匣，艾德蒙先生一眼瞥见自己那把心爱的小提琴正静静地躺在里面。他走上前紧紧地搂住了里奇，三年前的那一幕顿时重现在艾德蒙先生的眼前，原来他就是"丹尼斯先生的外甥琼"！艾德蒙先生眼睛湿润了，少年没有让他失望。

因为宽容，艾德蒙先生成就了一个音乐奇才。可是，生活中，人们却很少有人能够谅解自己的朋友，他们会嫉妒、会斤斤计较、会猜忌，所以不管是怎样的人在他们的身边，他们都会觉得很痛苦。抛开挑剔与苛责的想法吧，对别人宽容一些，你就能放下心中的包袱，感受到与人和平相处的快乐。

爱的力量是可以传递的，恨的力量也是可以感染对方的，所以我们若想要在自己的生活里营造一种友爱的氛围，就应该以友爱的精神去对待身边的一切事物，向别人传递出你的爱，你才能感受到同样的来自对方的温暖。

【心灵感悟】

爱自己所爱之前先爱自己所恨，我们将得到爱的最高体验。当我们能很容易地宽容他人，修炼到博爱的最高境界，我们的人生就是富有的，我们离成功也就不远了。

智者不屑在小事上浪费时间和精力

只有勇敢的人才懂得如何宽容；懦夫绝不会宽容，这不是他的本性。

——美斯特恩

有种人在生活中精明能干，凡事都锱铢必较，你可以说他们活得聪明，但是他们不一定活得开阔。人生在世难得糊涂，糊涂难得，人的一生不必太较真，遇大事的时候分清轻重，小事糊涂一点儿，这样能活得自在坦然。

唐代武将郭子仪，因屡立战功，唐代宗李豫很器重他，并把女儿升平公主嫁给了他的儿子郭暧。

一天，郭暧不知为什么事同公主吵起嘴来。郭暧这个人性子很直，火气很大，便没好气地数落了公主几句："你以为你父亲是皇帝就了不起吗？我父亲是因为瞧不起皇帝这个职位才不做的呢！"公主从小就娇惯，父母什么事情都得依着她，更没尝过委屈是啥滋味，一气之下坐着轿子回娘家"告状"去了。

皇上看到女儿回来，很高兴，老远就起身迎接。但公主见到父亲，脸上并没有笑容。皇上问她为何不高兴，公主一把鼻涕一把眼泪地把丈夫说的话重复了一遍。

那么皇上是如何处理这件事的呢？

皇上听完后，哈哈大笑道："驸马讲的话你没有明白意思，如果他父亲真的做了皇帝，天下岂不是你家所有了吗？"安慰一番后，皇上劝女儿回家。

郭子仪得知儿子与公主吵架并说了些有辱皇上的话后，很恼怒，立刻派人把郭暧囚禁起来，带回宫中等候判罪。代宗听说女婿被他父亲囚禁了起来，连忙前去圆场。代宗说："儿女们的事，父母何必那么认真？民间有句俗话：'不装聋卖傻、假装糊涂，是不能当好家长的。'儿女们闺房中的话，怎么能相信呢？"

郭暧同妻子吵架时，说了些有辱皇上的话，如果代宗火上浇油，不仅仅郭暧夫妻关系会恶化，而且郭子仪一家性命难保。然而，聪明的代宗却假装糊涂，简单几句话便巧妙化解了一场家庭纠纷和君臣危机。

其实"大事不糊涂"者怎么可能"小事糊涂"呢？须知大事就是小事积聚起来的啊。所谓小事糊涂，只是装糊涂而已，因为真正的智者不屑在小事上浪费时间和精力。

在处理大事与小事的关系上，有人提出了一种论点：大事小事都精明——少；大事精明，小事糊涂——好；大事糊涂，小事精明——糟。在古罗马律法中就有"行政长官不宜过问细节"一条。在现实生活中，不仅仅是领导者，普通人也时时面对自己的大事和小事，我们也就没必要总是在鸡毛蒜皮的事情上耗时间了。

从另一个角度来说，一个人大事不糊涂，小事也精明，事事都按照自己的方式算计，就不可能拥有很多朋友，也不可能在团队中发挥最好的作用。

有时候我们不要把自己当聪明人，很多人不希望我们看透他们的心思。

在生活中，我们要注意，即便读懂了别人的心思，小事情就不要太较真，装糊涂就可以了，这样不会在竞争中被排挤出局。大事精明，小事糊涂，踏踏实实做自己的事才是上策。

【心灵感悟】

人生如戏，演绎着幻化无穷的各种偶然情况，稍有懈怠就会有闪失，因此要学会在"糊涂"与"精明"之间划清楚只有自己知晓的界线。

斤斤计较中失去了工作价值和提升空间

生活中有许多这样的场合：你打算用忿恨去实现的目标，完全可能由宽恕去实现。

——西德尼·史密斯

如果你发现地上有五张人民币，在没有任何顾虑的情况下，你会拣几张？相信绝大多数的人都会拣五张。但是在工作的报酬上我们却常常只拿一张、两张，很少人照单全收，这是为什么？一般人只重视工作待遇，往往斤斤计较于薪水时忽略了其他应得的报酬，比如，充实自我，开拓生活领域；肯定自我，享受自我实现的满足感；认识朋友，改善人际关系；加强工作能力，提升本身附加价值。而这些无形的报酬的价值与重要性，却往往远高于有形的收入。

很多人斤斤计较工作的得失、薪水的多寡，在计较中，他们却忘了最该计较的东西——工作的意义。

工作不仅是为了薪水，为了谋生，更是为了自己的快乐与发展，是自我价值的体现。

有的人为了一点儿小小的利益与同事争破头皮，不肯吃一点儿小亏，他们似乎也因为自己的"聪明"而获利不少：比如公司给员工发放一批福利品，最后剩下一件，某个精明的职员就会跳出来，以某种借口将其据为己有，而其他同事也不好意思说什么；又或上司分给部门一个临时任务，这个员工一看任务有些麻烦，便借故推给其他同事，自己则一身轻松……

这样的精明，表面上看起来似乎十分实用，实际上却害了自己。

不要凡事斤斤计较。很多人，工作不是不努力，但却总为自己的每一份辛劳争取报酬，结果往往变得锱铢必较，让人十分讨厌。这样的人也往往融不到集体中，因为他在计较中失去了宽容。

不同的生活经历、不同的兴趣爱好、不同的文化背景和性格，由不同的人组合在一起，形成了一个个或大或小的集体。在这样的环境里要营造和谐的人际关系，对于每一个人来说，都是一个无法回避的问题。

很多人都疑惑自己做了那么多，却没有成功。这是因为他们只看到自己工作换来的工资收入，却看不到这背后的知识和经验的积累、信任和尊敬的积蓄，看不到未来可能的提升和长期的发展。一些人能够很清楚地计算出自己每个工作量的价格，每天斤斤计较了自己的劳动数量，却算不清自己的一生价值如何。

对于他们而言，工作只是工作，是一种机械劳动，不用注入什么感情。在计较中，他们失去了工作的价值和提升空间。于是，工作就只能是工作，只能是简单的数字计算。

斤斤计较，这种错误的态度，导致勤奋走向错误的方向。斤斤计较的人，在工作与生活中，在与人相处中，"利"字当头，什么亏都不能吃，什么便宜都想占。工作拣轻的干，待遇往高处要，看别人时戴着显微镜，高标准、严要求，对自己却总是网开一面、另当别论。这样的人怎么会招人喜欢？又怎么能拥有和谐的同事关系呢?

所以，想要有所成就，就要放开斤斤计较的狭隘心胸，学会豁达和包容，在工作中与他人积极配合，在生活中与人为善。

【心灵感悟】

以宽阔的胸怀为人处世，以严格的标准要求自己，不为一点点的蝇头小利与同事计较，这样的人才能够得到成功女神的青睐。

不计较小事，才有精力成大事

以温柔、宽厚之心待人，让彼此都能开朗愉快地生活，或许才是最重要的事吧。

——松下幸之助

　　为小事抓狂，是很多人都有的情绪，结果往往因小失大。学会控制好自己的情绪，你才能成功。

　　在美洲，有一种不起眼的动物叫吸血蝙蝠，它的身体极小，却是牛、马等哺乳动物的天敌。这种蝙蝠靠吸取动物的血生存。在攻击野马时，它常附在野马腿上，用锋利的牙齿迅速、敏捷地刺入野马腿，然后用尖尖的嘴吸食血液。无论野马怎么狂奔、暴跳，都无法驱逐这种蝙蝠，而蝙蝠从容地吸附在野马身上，直到吸饱才满意而去。野马往往是在暴怒、狂奔、流血中无奈地死去。

　　动物学家们百思不得其解，小小的吸血蝙蝠怎么会让庞大的野马毙命呢？于是，他们进行了一次实验，观察野马死亡的整个过程。结果发现，吸血蝙蝠所吸的血量是微不足道的，远远不会使野马毙命。动物学家们在分析这一问题时，一致认为野马的死亡是它暴躁的习性和狂奔所致，而不是因为蝙蝠吸血致死。

一个成大事的人，必定能控制住自己所有的情绪与行为，不会像野马那样为一点儿小事抓狂。当你在镜子前仔细地审视自己时，你会发现自己既是你的最好朋友，也是你的最大敌人。

美国研究应激反应的专家理查德·卡尔森说："我们的恼怒有80%是自己造成的。"卡尔森归结防止激动的方法时说："请冷静下来！要承认生活是不公正的。任何人都不是完美的，任何事情都不会按计划进行。"

应激反应这个词从20世纪50年代起才被医务人员用来说明身体和精神对极端刺激（噪声、时间压力和冲突）的防卫反应。

现在研究人员知道，应激反应是在头脑中产生的。在即使是非常轻微的恼怒情绪中，人体也分泌出更多的应激激素。这时呼吸道扩张，使大脑、心脏和肌肉系统吸入更多的氧气，血管扩大，心脏加快跳动，血糖升高。

埃森医学心理学研究所所长曼弗雷德·舍德洛夫斯基说："短时间的应激反应是无害的。"他说："使人受到压力是长时间的应激反应。"他的研究所的调查结果表明：61%的人感到在工作中不能胜任，30%的人因为觉得不能处理好工作和家庭的关系而有压力，20%的人抱怨同上级关系紧张，16%的人说在路途中精神紧张。

理查德·卡尔森的一条黄金规则是："不要被小事情牵着鼻子走。"他说："要冷静，要理解别人。"他的建议是：表现出感激之情，别人会感觉到高兴，你的自我感觉会更好。

学会倾听别人的意见，这样不仅会使你的生活更加有意思，而且别人也会更喜欢你。每天至少对一个人说，你为什么赏识他，不要试图把一切都弄得滴水不漏。不要顽固地坚持自己的权利，这会花费许多不必要的精力。

不要总是纠正别人，常给陌生人一个微笑，不要打断别人的讲话，不要让别人为你的不顺利负责。要接受事情不成功的事实，天不会因此而塌下来。请忘记事事都必须完美的想法，你自己也不是完美的。这样生活会突然变得轻松许多。

【心灵感悟】

当你抑制不住自己的情绪时，你要学会问自己：一年前抓狂时的事情到现在来看还是那么重要吗？不为小事抓狂，你就可以对许多事情得出正确的看法。

宽容的心，让我们逃出精神牢笼

最高贵的复仇之道是宽容。

——雨果

北宋名将狄青和猛士刘易之间有一段这样的故事。

有一年，狄青要出守边塞，他的好朋友韩将军向他推荐了一名猛士，这名猛士叫刘易。刘易熟知兵法，善打恶仗，对狄青守卫的那段边境的情况非常熟悉，狄青带他一起到边境去十分必要。但是刘易有个不良嗜好，就是特别爱吃苦荬菜，一顿饭吃不到苦荬菜就会呼天喊地、骂不绝口，甚至还会动手打人，士兵、将领都有点儿怕他。

刘易和狄青一起到边塞后，忙于军务，每天早起晚睡，从内地带的苦荬菜很快就吃完了，而边塞又见不到这种野菜。这天，士兵送来的菜里缺少了苦荬菜，刘易便把盛饭菜的器皿扔到地上，并在军营中大闹不止。士兵将此事报告给狄青，狄青听了非常生气。

就这种情况而言，刘易这样的人是绝不能留在戍边军队中的，但刘易又确实与众不同。狄青考虑，与这种性格刚烈的人发生正面冲突，不仅破坏了自己与韩将军的朋友关系，而且会影响刘易的情绪；但如果放任不管，势必会动摇其他士兵的军心，影响戍边大业。

于是，狄青出面好言安抚刘易，并立即派人回内地去买苦荬菜。一部分将领见这种情况，非常不服气，说狄将军骁勇善战，屡建奇功，而刘易何德何能，却要狄将军放下军务派人去给他弄苦荬菜吃。特别气盛的将领还想去与刘易比一比武艺，杀一杀刘易的威风。狄将军急忙劝阻众将说："刘易原来不是我的部下，如果你们与他计较，争强斗胜，传出去势必会给敌人以可乘之机。我们现在要加强团结，绝不能争一时之短长。"

当这些话传到刘易的耳中时，他非常感动。狄将军派人专程去买苦荬菜，刘易觉得自己获得了同情和理解；狄将军劝阻将领勿争强斗胜，刘易觉得是真正顾全大局，宽宏大量。他意识到，在这种情况下，自己不该再给非常忙碌的狄将军添麻烦。

过了几天，刘易懊悔地去找狄青，说："狄将军，您治军严整，我在韩将军手下时就有耳闻。这次我因这么点儿小事就大闹，您不仅不责怪我，还原谅了我，我一定会报答您。"从此，刘易再也没为苦荬菜闹过事，并且逢人便夸狄将军的宽阔胸怀。

时刻充斥着柴米油盐酱醋茶的日常生活中，鸡毛蒜皮的小事如同影子一般，紧紧跟随着我们，如果当真事事在意、处处关注的话，必定会陷入无尽的深渊之中。如在上班的途中，堵车堵得厉害，交通指挥灯仍然亮着红灯，而时间很紧，你烦躁地看着手表的秒针。终于亮起了绿灯，可是你前面的车子迟迟不启动，因为开车的人思想不集中，你愤怒地按响了喇叭，那个似乎在打瞌睡的人终于惊醒了，仓促地挂上了一档。在这段时间里，你始终把自己置于紧张而不愉快的情绪之中。

面对一些微不足道的小事情，不妨以一种宽容的心态去应对。如此一来，不仅不会影响自己的情绪，同时还可以腾出来更多的时间与精力去关注更值得关注的事情。现实中纷扰的小事，肯定不会消失，可以令其不扰乱自己进程的唯一办法便是包容。

一次，亚历山大大帝为了解民情，身着没有任何军衔标志的平纹布衣，徒步到俄国西部旅行。正当他四处逛得十分惬意时，发现竟忘记了回客栈的路。无意中，他看见有个军人，便上前问："朋友，请问去客栈的路怎么走？"

那军人叼着一只大烟斗，高傲地打量了一番亚历山大大帝，从嘴里挤出来几个字："朝右走！"

"谢谢！"亚历山大大帝又问，"请问离客栈还有多远？"

"一英里。"那军人爱理不理地说。

亚历山大大帝走出几步又折回来微笑着说："我可以再问你一个问题吗？请问你的军衔是什么？"

军人猛吸了一口烟说："猜嘛。"

亚历山大大帝风趣地说："中尉？"

军人的嘴唇动了下，说不止中尉。

"上尉？"

军人摆出一副很了不起的样子说："还要高。"

"那么，是少校？"

"是的！"军人高傲地回答。于是，亚历山大大帝敬佩地向他敬了个礼。

少校得意地问亚历山大大帝："那你是什么官？"

亚历山大大帝乐呵呵地回答："你猜！"

"中尉？"

亚历山大大帝摇头说："不是。"

"上尉？"

"也不是！"

少校走近仔细看了看说："那么你也是少校？"

亚历山大大帝说："继续猜！"

少校取下烟斗，用十分尊敬的语气低声说："那么，是部长或将军？"

"快猜着了。"亚历山大大帝说。

"殿……殿下是陆军元帅吗？"少校结结巴巴地说。

亚历山大大帝说："少校，再猜一次吧！"

"皇帝陛下！"少校的烟斗一下掉到地上，人也猛地跪下，忙不迭地喊道："陛下，饶恕我！"

"饶你什么，少校？"亚历山大大帝说，"我向你问路，你告诉了我，我还应该谢谢你呢！"

这才是干大事之人应有的气度与胸怀，就像晚清时期的红顶商人胡雪岩所说："干大事的人，不能在一点儿小事上栽跟头。"确实，干大事的人，不应该执著于生活中的小事，不能事事操心、事事在意。

与其把精力都浪费在一些小事上，以"狮子"的身份和"蚊子"纠缠不清，不如集中精力投放在自己的事业上。生活，是为了幸福；工作，是为了快乐。被小事牵绊，情绪总是因为一些不起眼的小事而受到影响，不仅会使事业禁锢在一个无法突破的"牢笼"之中，还会使生活失去许多的快乐。

【心灵感悟】

古语有云：成大事者，不拘小节。一个将注意力集中在大事情上的人，很少会去为一些无伤大雅的小事而斤斤计较。

别让烦恼的豆芽长成参天大树

> 没有什么，没有什么，默念几遍，心中的那些烦恼就真的没有什么了。
>
> ——证严法师

一天，一位睿智的老师与他年轻的学生一起在森林里散步。走着走着，老师突然停了下来，仔细地看看身边的四株植物：第一株植物是一棵刚刚冒出土的幼苗；第二株植物已经算得上是挺拔的小树苗了，它的根牢牢地扎在肥沃的土壤中；第三株植物已然枝叶茂盛，差不多与年轻学生一样高大了；第四株植物是一棵巨大的橡树，年轻学生几乎看不到它的树冠。

老师指着第一株植物对他的年轻学生说："把它拔起来。"年轻学生用手指轻松地拔出了幼苗。"现在，拔出第二株植物。"年轻学生听从老师的吩咐，略加力量，便将树苗连根拔起。"好了，现在，拔出第三株植物。"年轻学生先用一只手进行了尝试，然后改用双手全力以赴。最后，树木终于倒在了脚下。"好的"，老教师接着说道，"去试一试那棵橡树吧。"年轻学生抬头看了看眼前巨大的橡树，想了想自己刚才拔那棵小得多的树木时已然筋疲力尽，所以他拒绝了教师的提议，甚至没有做任何尝试。

"我的孩子，"老师叹了一口气说道，"你的行为验证了生活的常识：习惯对一个人生活的影响是多么巨大啊！"

这个近似寓言的小故事，其实告诉了我们这样一个道理：无论是好的习惯还是坏的习惯，一旦形成了，就会变得牢固而倔强，就像挺拔的橡树一样，任凭你使用多大力气也很难扭转。所以，在那些不良的小习惯还没有长成不可撼动的大树之前，应该及时地改正，将坏习惯扼杀在萌芽的状态。

生活中的习惯其实有很多种，有的是单纯的卫生习惯，比如勤换衣服、保持良好的卫生环境；有的却是属于我们精神层面的习惯，比如个人的爱好、欲望、性格、思想等。有的人贪财，有的人好色，有的人易怒……这些都是习惯在人们生活中不同方面的表现。而现代社会中，人们最容易在忙碌和焦虑中形成的习惯就是——烦躁。

也许很多人都会有类似的感觉，生活在我们周围的人，说的最多的一个词就是"烦"。"最近比较烦""特别烦""烦死了""太讨厌了""实在受不了了"……人们用种种同义词倾诉着相同的主题，宣泄着对生活的不满。

可是，如果我们愿意静下心来梳理一下烦恼的源头，就会发现那些惹我们生气的都是一些小事情。那些鸡毛蒜皮的小事总是让我们烦恼、生气，进而发怒，严重的还会因此摔东西、打骂周围的人。更有甚者，还会因为公交车上谁踩了谁一脚，打得头破血流，闹到人命关天。这些怨恨、怒气与烦恼，究其原因都是没有能够在厌烦的时候有效地克制，而是任由不良情绪滋长。久而久之，内向型的人就会抑郁，外向型的人就会狂躁。这是非常可怕的事。

那么，该如何控制我们的烦恼不像春天的野草一样疯长呢？有人说，应该在烦躁的时候睡觉，有人说应该出去逛街看电影，也有人说应该找朋友们聊天散心……不管采用什么样的方法，其实想要达到的目标只有一个：消除刚刚萌发的烦恼。吉祥上师曾做过一个风趣的比喻——"别让烦恼从豆芽菜长成参天大树。最好每天都给自己一个温馨的提醒：将忧愁消除在萌芽状态。如此循环，我们就能养成平和的心态，烦恼越来越少，幸福越来越多。"

"别让烦恼从豆芽菜长成参天大树。"这是多么形象的一个比喻啊！当我们的烦恼、忧愁、脆弱和悲伤才刚刚起步的时候，就像刚刚破土而出的小幼苗，只要稍稍用力，就可以连根拔除。这个时候，只要我们在心灵的沃土里种下善良、欢喜、分享、感恩等美好的种子，并细心培植，精心呵护，就可以使之茁壮成长，并慢慢生根，长成一棵参天大树。

【心灵感悟】

最好每天都给自己一个温馨的提醒：让一切忧愁都扼杀在摇篮中，千万不能让它在内心里长成参天大树。如此，我们就能养成平和的心态，烦恼越来越少，幸福越来越多。

第三章 \\\\\\\\\\\\\\\\\\\\\\
播下一种习惯，收获一种命运

好习惯成就一个人，坏习惯毁掉一个人。播下一个行动，收获一种习惯；播下一种习惯，收获一种性格；播下一种性格，收获一种命运。习惯的好坏对一个人的成败起着举足轻重的作用。好的习惯能助你走上人生巅峰，而坏的习惯会让你的人生永远灰色。

好习惯让人第一次就把事情做对

习惯是社会的巨大的飞轮和最可贵的维护者。

——威·詹姆斯

在我们的工作中经常会出现这样的现象：

——5%的人并不是在工作，而是在制造问题，无事必生非，他们是在破坏性地做。

——10%的人正在等待着什么，他们永远在等待、拖延，什么都不想做。

——20%的人正在为增加库存而工作，他们是在没有目标地工作。

——10%的人没有对公司做出贡献，他们是"盲做""蛮做"，虽然也在工作，却是在进行负效劳动。

——40%的人正在按照低效的标准或方法工作，他们虽然努力，却没有掌握正确有效的工作方法。

——只有15%的人属于正常范围，但绩效仍然不高，仍需要进一步提高工作质量。

这些人做事看似很努力、很敬业，但他们不精益求精，只求差不多。尽管从表现上看来，他们很努力，但结果却总是无法令人满意。

在他们的工作经历中，也许都发生过工作越忙越乱的情况。解决了旧问题，又产生了新故障，在一团忙乱中造成了新的工作错误，像无头苍蝇一样四处打转，越忙越"盲"，把工作搞得一团糟。结果是轻则自己不得不手忙脚乱地改错，浪费大量的时间和精力，重则返工检讨，给公司造成经济损失或形象损失。但如果我们能养成在第一次就把事情做对的习惯，就与大多数人不同，也就大大提高了办事效率和成功的概率。

罗青是一家文化公司创意部的经理，曾为自己做事粗糙的习惯而苦不堪言。有一次，由于完成任务的时间比较紧，他在审核广告公司回传的样稿时不仔细，在发布的广告中弄错了一个电话号码——服务部的电话号码被他们打错了一个。就是这么一个小小的错误，给公司导致了一系列的麻烦和损失。

罗青忙了大半天才把错误的问题理清楚，耽误的其他工作不得不靠加班来弥补。与此同时，还让领导和其他部门的数位同仁与他一起忙了好几天。如果不是因为一连串偶然的因素使他纠正了这个错误，造成的损失必将进一步扩大。

罗青的故事告诉我们一次性做对事的重要性。我们平时最经常说到或听到的一句话是："我很忙。"是的，在"忙"得心力交瘁的时候，我们是否考虑过这种"忙"的必要性和有效性呢？假如在审核样稿的时候罗青稍微认真一点儿，还会这么忙乱吗？

由此可见，第一次没做好，同时也就浪费了没做好事情的时间，返工的浪费最冤枉。第二次把事情做对，既不快，也不便宜。

工作缺乏质量，容易出错，结果忙着改错，改错中又很容易忙出新的错误，恶性循环的死结越缠越紧。这些错误往往不仅让自己忙，还会放大到让很多人跟着你忙，造成整个团队工作效能的低下。

美国市政厅的一份研究报告披露说，在华盛顿因工作马虎造成的损失，每天至少有 100 万美元。该城市的一位商人曾抱怨说，他每天必须派遣大量的检查员，去各分公司检查，尽可能地制止各种马虎行为。在许多人眼里有些事情简直是微不足道，但积少成多、积小成大，一些不值一提的小事会影响他们做事的工作效率，当然也会影响到他们工作上的晋升和事业上的发展。

这些人在工作和生活中养成了马马虎虎、心不在焉、懒懒散散的坏习惯。他们没有工作的质量观念，总想着等着下一次修正的机会，这样是无法保证工作绩效的。有这样一个故事：

一次工程施工中，师傅们正在紧张地工作着。这时一位师傅手头需要一把扳手。

他叫身边的小徒弟："去，拿一把扳手。"小徒弟飞奔而去。他等啊等，过了许久，小徒弟才气喘吁吁地跑回来，拿回一把巨大的扳手说："扳手拿来了，真是不好找！"

可师傅发现这并不是他需要的扳手。他生气地说："谁让你拿这么大的扳手呀？"小徒弟没有说话，但是显得很委屈。这时师傅才发现，自己叫徒弟拿扳手的时候，并没有告诉徒弟自己需要多大的扳手，也没有告诉徒弟到哪里去找这样的扳手。自己以为徒弟应该知道这些，可实际上徒弟并不知道。师傅明白了：发生问题的根源在自己，因为他并没有明确告诉徒弟做这项事情的具体要求和途径。

第二次，师傅明确地告诉徒弟，到某间库房的某个位置，拿一个多大尺码的扳手。这回，没过多久，小徒弟就拿着他想要的扳手回来了。

这个故事告诉人们，要想把事情做对，就要让别人知道什么是对的，如何去做才是对的。在我们给出做某事的标准之前，我们没有理由让人按照自己头脑中所谓的"对"的标准去做。所以，盲目的忙乱毫无价值，需要终止。

再忙，我们也要在必要的时候停下来思考一下，用脑子使巧劲儿解决问题，而不盲目地拼体力交差。养成第一次就把事情做好的习惯，把该做的工作做到位，这正是解决"忙症"的要诀。

【心灵感悟】

我们工作的目的是为了忙着创造价值，而不是忙着制造错误或改正错误。在工作完工之前想一想出错后带给自己和公司的麻烦，想一想出错后造成的损失，就应该能够理解"第一次就把事情完全做对"这句话的分量。

毫无怨言，才能如你所愿

> 遇到挫折要从容面对，不抱怨、不放弃……只要继续努力，就一定会成功。
>
> ——唐骏

"事情怎么会这样呢？真是烦人！"

"我这次考试没考好，全都怪昨天晚上……"

"考试题出成这样，老师根本就是在为难我们。"

"太讨厌了……"

这些是不是你经常挂在嘴边的话？心情不愉快的时候，这些抱怨的话好像是不经过大脑就到嘴边了，然后心情会变得很沮丧。

其实，抱怨只是暂时的情绪宣泄，它可做心灵的麻醉剂，但绝不是解救心灵的方法。

一般来说，抱怨的人会经常发牢骚，将自己的失败归咎于外部原因。总是指责他人，认为别人没有将事情做好；为自己的错误作出种种狡辩，却不反思自己；对一些不可抗拒的自然状况不能坦然接受，反而进行埋怨和诅咒。

比如抱怨夏天太短冬天太长，抱怨刮风，抱怨下雨，等等；遇到困难和问题时只会向人诉苦，而不懂得应该尽快解决。

东东有这样一位朋友：家庭生活条件很好，但是就有一个使人很不舒服的习惯——爱抱怨。在东东的印象里，他这位朋友好像从来就没有过顺心的事，什么时候与他在一起，都会听到他在不停地抱怨。高兴的事他抛在了脑后，不顺心的事他总挂在嘴上。每次见到东东就抱怨自己所谓的不如意，结果他把自己搞得很烦躁，同时也把东东搞得很不安，东东甚至有点儿不愿见到他。

你周围有没有这样的有毒朋友？他每天都会有许多不开心的事，他总在不停地抱怨。其实，他所抱怨的也并不是什么大不了的事，而是一些日常生活中经常发生的小事情。

生活中有些人就像东东的朋友一样，把每件不称心的小事都堆积在心里、挂在嘴上，自己的心态、情绪也因此变得很糟。在这样一种精神状态下，不难想象，他犯错误的概率自然要比别人高，许多新的烦恼又在后边等着他，那么他又开始新一轮的抱怨——沮丧——出错——倒霉……他自己还不明白：我运气为什么总是这样差？那些能力不如我的人为什么干得总比我好？他们为什么会比我顺利？

我们常用"万事如意""一切顺利"等词语来表达祝福，但我们也要清醒地认识到，那只是一个美好的祝愿而已，现实的生活中怎么可能会事事如意呢？我们不可能保证事事顺心，但可以做到坦然面对，该放则放，不要把一些垃圾总堆在心里，把乌云总布在脸上，把牢骚总挂在嘴边，否则你自己会一直是个倒霉蛋，周围的朋友也会觉得你烦人。

露西小姐是一家报社的记者，十多年过去了，也一直没有发展的机会，职位和薪水也不是很理想。有一段时间，她甚至想辞职。但是，又害怕辞职后找不到合适的工作，就得面临失业的问题，犹豫一番后，最终还是安慰自己：算了吧！就这样混下去吧，到了别的公司也一样。

有一天，她和一个朋友去聚会，又在餐桌上抱怨自己的工作环境。这位朋友一脸严肃地说："造成现在这种情况，你思考过原因吗？你尝试过了解你的工作，让自己从内心深处对这份工作真正感兴趣，并喜爱它吗？你是否真正在工作中，把它当成一项伟大的事业而努力过呢？你如果仅仅是因为对现在的工作职位、薪水感到不满而辞去工作，就不会有更好的选择。稍微忍耐一下，转变你的态度，试着从现在的工作中找到价值和乐趣，你会有意外的发现和收获。假如你这样努力尝试过之后，依然没有变化，再辞职也不迟。"

这位朋友的话让露西深有感触，她试着让自己重新开始，以积极的态度处理自己的工作。结果，感觉和效果完全不同，不满的情绪也渐渐消失了，在工作中渐渐有了一种留恋的感觉。因此，她的工作才华得到了极大的展示，她也很快受到上司的提拔和重用。

其实，无休止地埋怨对自身是一种伤害。露西小姐因为抱怨而无法把全部精力投入到工作中，导致十多年过去了，仍然没有什么发展机会。致使她发生这种情况的不是外部环境，而是她没有把自己的心放到一个端正的位置上。当她听取朋友意见，改变态度，积极应对工作后，很快就受到了上司的重用。这说明，职位和薪水的高低不是影响人发展的必然因素，而好的工作态度会影响一个人的职业生涯。

毫无怨言地工作，使人能够激发出内心的力量，这样便会在工作中拥有双倍，甚至更多的智慧和激情，让人积极主动且卓有成效地完成工作。反之，当抱怨成为一种习惯，人会很容易发现生活中负面的东西，并加以放大，甚至身边人一个眼神、一句话都可以让他浮想联翩，进而感慨自己生存艰难，倾诉得越发声情并茂，也就越发使情绪"黑云压城城欲摧"，越来越焦虑。

【心灵感悟】

毫无怨言的人能够全心全意地工作。别人抱怨困难多的时候，他们在解决问题；别人抱怨工作环境差的时候，他们在研究如何提高工作效率；别人抱怨薪水低的时候，他们在加班加点地解决问题。

一半时间用于思考，一半时间用于行动

> 思考的力量是巨大的。任何创新的成果，都是思考的馈赠。
>
> ——任正非

人世间最美妙绝伦的，就是思维的花朵。思考是"才能的钻机"，思考是创造的前提。因此，思考总是为成功之士所钟情。

思想家狄德罗坦言自己的治学之道："我们有三种主要的方法：对自然的观察、思考和实验。观察搜集事实，思考把它们结合起来，实验则来证实组合的结果。对自然的观察应该是专注的，思考应该是深刻的，实验则应该是精确的。"

将一半时间用于思考，一半时间用于行动，无疑是人才的成功之道。不懂得运用思考这一"才能的钻机"的人，是难以挖掘出丰富的智慧矿藏的；不善于思考的人，就不能举一反三、触类旁通，享受到创新的乐趣。

做事要勤于思考，没有这个好习惯的人是不会做好事情的。

我们的思维总是存在一个误区，认为没有在忙碌地工作就是在浪费时间，我们会产生负罪感。其实，有时候并不是工作不勤奋而使我们效率低下，而是因为我们缺乏思考，方法不对，才导致工作效率低。我们需要思考，而不是立即行动。

思考虽然要花费一定的时间，因为我们需要在头脑中想象没有发生的事，但是思考是我们成功必经的途径。如果你养成善于思考的好习惯，你就不会再害怕任何变故，也就拥有了制胜的武器，能够妥善解决生活的问题，也就更加高效。

思考还常常被误解为无所事事，在很多人观念中，没有实实在在的行动就不算努力。但是思考制定的是我们的人生规划，并为此做出时间安排，决定我们今后的生活，是我们生活的本领，代表了我们个人的机遇和发展。思考让你做出判断、下定决心，并把你的想法付诸行动。

在现实生活中，思考是智慧的表现，懂得思考问题的人才能成为出色的高效能人士。只有善于思考的人，一生才会充满光明，一种好的思维方式就是引导你走向成功的快捷之路。

有人讲过这样一个故事：

一次公司聚餐之后，方达轩从饭店出来，招手叫了一辆出租车。

上车后，方达轩告诉司机去火车站。方达轩在外贸协会的生产力中心工作。生产力中心坐落在火车站附近的外贸协会二馆，因楼不是太大，也不是太显眼，知道的人不多，所以每次都说是去火车站，免得费力解释半天。

但这次却出乎方达轩的意料，司机紧接着方达轩的话问道：

"你是不是要去外贸协会二馆啊？"

方达轩非常吃惊，便细问司机是怎么知道的。

司机说："第一，你最后上车时跟朋友只是一般性的道别，一点儿都没有离别的感觉；第二，你没有任何行李，连仅供一天使用的小行李都没有，而你这个时间才去火车站，就算搭乘最晚班车，你都没有可能在当天赶回来，所以你真正去的地方不可能是火车站；第三，你手里拿的是一本普通的英文杂志，并且被你随意卷折过，一看就不是重要的公文之类的东西，而是供你自己消磨时间用的，一个把英语杂志作为普通阅读物的人既然不是去火车站就一定是去外贸协会啦，火车站附近就只有外贸协会一家单位的人才会这样读英语。"

方达轩又吃惊又佩服，觉得他简直就是福尔摩斯再世，就跟他一路聊开来，结果发现他真有自信的本钱。

他说他平均每个月都会比其他出租车司机多赚几千元钱。他每天的行车路线都是根据季节、天气、日期详细计划好的。周一至周五早晨，他会先到民生东路附近，那里是中上等的居民区，搭出租车上班的人相对较多。到 9 点钟左右，他又会跑各大饭店，这个时间，大约刚吃完早餐，出差的人要出去办事了，游玩的人也要出去玩了，而这些人均来自外地，对环境普遍陌生，所以出租车是最多也是最好的选择。他的中午又分成两部分，午饭前，他跑公司比较多的商业区，这个时间，会有不少人外出吃饭，又因中午休息时间较短，这些人中大多数人又会为快捷方便而选择搭出租车；午饭后，他跑餐厅较集中的街区，因为吃完饭的人又赶着要返回公司上班。

下午 3 点左右，他则选择银行附近。根据概率算去除一半存钱的人，也还有一半取钱的人，这一半取钱的人因带了比平时多的钱也大多不会再去挤公车而会选择较安全的出租车，所以载客的概率也相对会较高。而到了下午 5 点钟，市区开始塞车了。他便去机场或火车站或郊区。到了晚饭后，他又会去生意红火的大饭店，接送那些吃完饭的人，自己稍事休息一会儿，再去酒吧、迪厅之类的娱乐场所门口……

同样是出租车司机，很多人只是漫无目的地开车，而这位聪明的司机则善于思考，细心规划行车路线，比别人多赚了许多钱。

由此，我们不难看出，思维对我们的工作和生活有多么重要。在现实生活中，善于思考问题、善于改变思路的人，总能给自己赢得让人们发现自己才华的机遇，在成功无望的时候创造出柳暗花明的奇迹。

事实上，赢得一切、拥抱成功的关键，就在于你能不能积极地思考、持续地思考、科学地思考。

【心灵感悟】

不懂得思考的人，是难以挖掘出丰富的智慧矿藏的。只要你将一半的时间用来思考，一半的时间用于行动，你就能成为一个高效能的成功者。

强者不是拿到一手好牌，而是打好一手坏牌

弱者就是面对一张薄纸，也不愿伸手戳破，去达到自己的目的。

——卡耐基

有一个农民的孩子，只上了几年学，家里就没钱继续供他上学了。他辍学回家，帮父亲耕种二亩薄田。在他 18 岁时，父亲去世了，家庭的重担全部压在了他的肩上。他要照顾身体不佳的母亲，还有瘫痪在床的祖母。

改革开放后，农田承包到户。他把一块水洼挖成池塘，想用来养鱼。但村里的干部告诉他，水田不能养鱼，只能种庄稼，他只好又把水塘填平。这件事成了一个笑话，在别人看来，他是一个想发财但又非常愚蠢的人。

听说养鸡能赚钱，他向亲戚借了 300 元钱，养起了鸡。但是一场大雨后，鸡得了鸡瘟，几天内全部死光。300 元对别人来说可能不算什么，对一个只靠二亩薄田生活的家庭而言，可谓天文数字。他的母亲受不了这个刺激，忧劳成疾而死。

他后来酿过酒，捕过鱼，甚至还在石矿的悬崖上帮人打过炮眼……可都

没有赚到钱。

36岁的时候，他还没有娶到媳妇。即使是离异的有孩子的女人也看不上他，因为他只有一间土屋，随时有可能在一场大雨后倒塌。娶不上老婆的男人，在农村是没有人看得起的。但他还是没有放弃，不久他就四处借钱买了一辆手扶拖拉机。不料，上路不到半个月，这辆拖拉机就载着他冲入一条河里。他断了一条腿，成了瘸子。而那拖拉机，被人捞起来时，已经支离破碎，他只能拆开它，当作废铁卖。

几乎所有的人都说他这辈子完了，但多年后他还是成了一家公司的老总，手中有一亿元的资产。现在，许多人都知道他苦难的过去和富有传奇色彩的创业经历。许多媒体采访过他，许多报告文学描述过他。曾经有记者这样采访他：

记者问："在苦难的日子里，你凭借什么一次又一次毫不退缩？"

他坐在宽大豪华的老板台后面，喝完了手里的一杯水。然后，他把玻璃杯子握在手里，反问记者："如果我松手，这只杯子会怎样？"

记者说："摔在地上，碎了。"

"那我们试试看。"他说。

他手一松，杯子掉到地上发出清脆的声音，但并没有破碎，而是完好无损。他说："即使有10个人在场，他们都会认为这只杯子必碎无疑。但是，这只杯子不是普通的玻璃杯，而是用玻璃钢制作的。"

是啊！这样的人，即使只有一口气，他也会努力去拉住"成功"的手，除非上苍剥夺了他的生命……

这位成功者开始的境遇不但很坏，甚至可以说糟透了，但他硬是将原本悲惨的命运改变了。他依靠的是什么？就是在失意的时候，他从来没有放弃过，自强、自立使他一路风雨兼程，最终走向了成功。

面对挫折，只有自强者才能战胜困难、超越自我。如果一味地想着等待别人来帮忙，只能落得失败的下场。凭着自己的努力可以解决任何问题，永远可以依赖的人只有自己！

相信大家都听过"自甘堕落""自暴自弃""破罐子破摔"等诸如此类的话，这些都是在描述一个人有不好的境遇，然后自我放弃，结果把自己推向失败颓废的人生境地。

仔细想想，每一个人，都难免会犯以上的错误，只不过是程度轻重的差别。无怪乎有句话形容"自己才是自己最大的敌人"，因为我们总是不断地放弃一些本该坚持的东西。对于成功者来说，自强和坚持是人生的一种习惯。

有一个女孩子穿着干净的鞋子，踮着脚尖小心翼翼地走在泥泞的路上。为了保持鞋子干净，她走走停停，特意挑比较高和硬的地面。可是一不小心，她还是踩到了烂泥里，干净的鞋子霎时脏了一大片。她懊恼极了，于是便不管不顾，两只鞋随意踩在泥路上，走得非常快。

这种场景是不是也曾经发生在我们身上？既然脏了，那么就让它更脏好了；既然坏了，那么就毁了它……心理学家指出，其实，在我们每一个人的内心深处，多少都隐藏了一些"自毁"的倾向，这种内在情绪的冲动常常会驱使一个人做出不利于自己发展的事情。譬如，有人整天絮絮叨叨，看什么事都不顺眼，动不动就抱怨这个、抱怨那个，好像所有的人都做了对不起他的事；还有的人，生活漫无目标，整日无所事事，只会嫉妒别人的成就，自怨自艾，认为任何好运气都不会落在自己的头上。此外，还有的人嗜酒如命、好赌成性、饮食不知节制、消费成癖、纵情声色，等等，这些都是自毁行为。

面对人生中的失意，人们往往有两种选择：悲观的人整天长吁短叹，认为自己无可救药,就此颓废不振,结果人生变得更加黯淡;乐观的人一笑置之,从头开始,坚持不懈,生活越来越精彩。事实上,人生成败完全取决于自己的内心。

【心灵感悟】

每个人都有失意的时候,面对失意,强者以一颗自强不息的心不断进取,奋力前行,在没有拿到一手好牌的时候,尽可能地将手里的坏牌打到最好。

和多数人商量，自己作决定

没有切实的规划和远大目标的人，只会被人牵着鼻子走。

——马云

　　生活的旅程中，有事情自己拿不定主意时最好和别人商量商量，别人，尤其是长辈或智者的意见往往能够指导我们人生的方向。听取别人的意见往往可以省掉自己探索的时间和精力，但不经过怀疑和思考的信任常常会使我们落入盲从的陷阱。其实，拍脑袋决策的是自己，那些提意见的"精英"只是我们的参谋长。我们应该和多数人商量，自己做决定。养成这样一个良好的决策习惯，就不会人云亦云，更不会被人左右，陷入危局之中。

　　多年来，马云始终给人一种"我就是对的"的狂人印象，而他的这种行为一方面来自曾经坚持对自己说"Yes"而获得成功的经历，另一方面来自他被人说服而犯了非常可怕的错误的教训。

　　2000 年，高盛和软银投资的 2000 万美元到位，马云决心大干一场，阿里巴巴把摊子铺到了美国硅谷和韩国，并在英国伦敦、中国香港快速拓展业务。

但是管理的危机随即出现，他手下的那些世界级的精英都开始向马云灌输他们各自的理论和方法。阿里巴巴美国硅谷研发中心的同事说技术是最重要的；而另一个坐镇中国香港总部、来自一家全球 500 强企业的副总裁则告诉马云，向资本市场发展是最重要的。

都是精英的言论，都说得有道理，马云开始拿不定主意了。"50 个聪明人坐在一起，是世界上最痛苦的事情。"马云后来说。此时，才成立一年的阿里巴巴已经变成了跨国公司，员工来自十多个国家。

那本来就是纳斯达克草木皆兵的时代，而对于未来的发展，马云却无法拿定主意。阿里巴巴处在风雨飘摇之中，马云开始后悔当初对那些精英们的信任。

马云重新选择了相信自己。2000 年底，阿里巴巴启动"回到中国"战略，随后全球大裁员。

多年后，有人评价马云的这次行动直接拯救了阿里巴巴。

马云对此也有过总结，如果此前他一直坚持自己的道路，那么后果就不会那么糟糕。

其实，许多人都像马云一样，具有很强的决策能力。但在实践中，无论是工作、生活，还是学习，我们常常会随波逐流、人云亦云，然而久了，我们便失去了独立思考的能力，从而也失去了创造能力。

要知道，人若失去自己，便是天下最大的不幸；而失去自主，则是人生最大的陷阱。赤橙黄绿青蓝紫，我们应该有自己的一方天地和特有的色彩。相信自己，创造自己，永远比证明自己重要得多。我们无疑要在骚动的、多变的世界面前，打出"自己的牌"，勇敢地亮出我们自己。我们该像星星、闪电，像出巢的飞鸟，果断地、毫不顾忌地向世人宣告并展示我们的能力、我们的风采、我们的气度、我们的才智。

当遇到事情时，多听取他人意见以资参考固然重要，但决定如何处理的终究还是自己，要为此事负责的也是自己。没有快刀斩乱麻的气魄，有时会错失良机。所以，一旦我们确立目标，行动就要果断、迅速。

如果你瞻前顾后，如果你犹豫不决，如果你不能身体力行，如果你不知道自己该做什么，那么，属于你的只有永远的失败，你就很难成为一名真正的领袖。因为这些根本就不是一个领袖的品质。

那些能够迅速做出决定的人从来都不怕犯错误。不管他犯过多少错误，与那些懦夫和犹豫不决的人相比较，他仍然是一个胜者。那些怕犯错误而裹足不前的人，那些害怕变化和风险而犹豫彷徨的人，那些站在小溪边，直到别人把他推下去才肯游泳的人，永远都无法达到胜利的彼岸，永远都无法摘取胜利的硕果。

【心灵感悟】

自己做决定，不仅是简单的习惯的问题，更是成功者的标志。

第四章 \\\\\\\\\\\\\\\
勇敢向前，做最好的自己

　　目光长远的人，懂得做人要保持低姿态，懂分寸，知进退，给他人留余地，给自己留空间，因此能够在人生的道路上顺风顺水。这是一种对人世的洞察，对生活的深刻体会。人贵有自知之明，示弱藏锋，妥协吃亏，是做人非常重要的一方面，也是真正的人生智慧。

保持低姿态，做最好的自己

> 有一种高贵叫作低姿态。
>
> ——弘一法师

如果你想把事做成，不妨以一种低姿态出现在对方面前，表现得谦虚、平和、朴实、憨厚，甚至愚笨、毕恭毕敬，使对方感到自己受尊重，比你聪明，在谈事时也就会放松自己的警惕性，觉得自己用不着花费太多精力去对付一个"傻瓜"了。

其实，你以低姿态出现只是一种表面现象，是为了让对方从心理上感到一种满足，使他愿意与你合作。实际上越是表面谦虚的人，反而是非常聪明的人。当你表现出大智若愚来，使对方陶醉在自我感觉良好的气氛中时，你就已经受益匪浅，已经达到了你的目的。

相反，你若以高姿态出现，处处高于对方，咄咄逼人，对方心里会感到紧张，做事就没把握了，而且容易产生一种逆反心理，使工作难以进行。

因此，为了把事办成，不妨常以低姿态出现在别人面前，使别人感到安全时，你自己也是安全的。

有些被求者，以为帮助了别人，有恩于你，心理上会不自觉地产生一种优越感，说不定还要对你数落一番。当你认为自己可能会被人指责时，不妨先数落自己一番，当对方发觉你已承认错误时，便不好意思再指责你了。

赫蒙是美国著名的矿冶工程师，毕业于美国的耶鲁大学，在德国的佛莱堡大学拿到了硕士学位。可是当赫蒙带齐了所有的文凭去找美国西部的大矿主赫斯特的时候，却遇到了麻烦。

那位大矿主是个脾气古怪又很固执的人，他自己没有文凭，所以就不相信有文凭的人，更不喜欢那些文质彬彬又专爱讲理论的工程师。当赫蒙前去应聘并递上文凭时，满以为老板会乐不可支，没想到赫斯特很不礼貌地对赫蒙说："我之所以不想用你，就是因为你曾经是德国佛莱堡大学的硕士，你的脑子里装满了一大堆没有用的理论，我可不需要什么文绉绉的工程师。"

聪明的赫蒙听了不但没有生气，相反，他心平气和地回答说："假如你答应不告诉我父亲的话，我要告诉你一个秘密。"赫斯特表示同意，于是赫蒙小声对赫斯特说："其实我在德国的佛莱堡并没有学到什么，那三年就好像是稀里糊涂地混过来一样。"想不到赫斯特听了笑嘻嘻地说："好，那明天你就来上班吧。"就这样，赫蒙在一个非常顽固的人面前通过了面试。

赫蒙把自己的身份降低，就赢得了大矿主的心。和赫蒙相似，美国著名政治家帕金斯30岁那年就任芝加哥大学校长，有人怀疑他那么年轻能不能胜任大学校长的职位，他知道后只说了一句："一个30岁的人所知道的是那么少，需要依赖他的助手兼代理校长的地方是那么的多。"就这短短一句话，使那些原来怀疑他的人一下子就放心了。

许多人往往喜欢尽量表现出自己比别人强，或者努力地证明自己是有特殊才干的人，然而一个真正有能力的领袖是不会自吹自擂的，所谓"自谦则人必服，自夸则人必疑"就是这个道理。

保持低姿态，先让别人感到缺他不成，努力寻找并讲出对方的优点，就会让对方觉得有面子，感到光彩。这样一来，对方与你的关系便走近了一步。最终，得到好处、被人尊重的，还是你自己。可以说，低姿态正是胜利者的姿态，低姿态正是成功者的姿态。

在秦始皇陵兵马俑博物馆，有一尊被称为"镇馆之宝"的跪射俑。它被誉为兵马俑中的精华，中国古代雕塑艺术的杰作。

它左腿蹲屈，右膝跪地，右足竖起，足尖抵地。上身微左侧，双目炯炯，凝视左前方。两手在身体右侧一上一下做持弓弩状。

如今，秦兵马俑坑已经出土，清理各种陶俑1000多尊，除跪射俑外，皆有不同程度的损坏，需要人工修复。而这尊跪射俑是保存最完整的，仔细观察，就连衣纹、发丝都还清晰可见。

这究竟为何呢？

专家告诉我们，这得益于它的低姿态。首先，跪射俑身高只有1.2米，而普通立姿兵马俑的身高都在1.8—1.97米之间。天塌下来有高个子顶着，兵马俑坑都是地下坑道式土木结构建筑，当棚顶塌陷、土木俱下时，高大的立姿俑首当其冲，低姿的跪射俑受损害就小一些。其次，跪射俑做蹲跪姿，右膝、右足、左足三个支点呈等腰三角形支撑着上体，重心在下，增强了稳定性。

其实，处世也是如此，保持低姿态，避开无谓的纷争，就能避开意外的伤害，更好地发展自己。

古人常说："谦卑者其实最高贵。"这是因为谦卑是高贵者的通行证。君子懂得谦让，因此行万里也会路途顺畅。小人好争斗，因此还未动步，路已被堵塞。君子知道屈可以为伸，因而受辱时不反击，知道谦让可以战胜对手，因而甘居人下而不犹豫。到最后时，就会转祸为福，让对手知错而成为朋友，使怨仇不传给后人，而美名扬以至无穷。

【心灵感悟】

低姿态不仅是种手段，而且是种态度。你越充分地运用这种方法，你就越有可能赢得别人的心。

留有余地，从容地华丽转身

留三分余地给人，自己也因此从中受益。

——华盛顿

探戈是一种讲究韵律节拍，双方脚步必须高度协调的舞蹈。探戈好看，但要跳好探戈绝非一件轻而易举的事，很多高手均需苦练数年才能练就炉火纯青的舞技。跳探戈与处世有着许多异曲同工之处，亲子、朋友、同事、上下级之间，如果能用跳探戈的方式彼此相处，彼此协调，知进知退，通权达变，不但要小心不踩到对方的脚，而且要留意不让对方踩到自己的脚，这样，人与人之间才能和睦相处，恰到好处。

人生是一场华丽的舞会，聪明人往往选择跳探戈，自始至终保持着优雅奔放、进退自如的姿态。做事亦是如此，聪明人明白事不可做绝，凡事留三分薄面给他人，当时看也许自己吃亏了，但是低头看，自己脚下却多了七分余地。所以为人处事要心存厚道，多讲人好话，多给人留情面，因为种什么因结什么果，其实这就是给自己留一处空间。

据《桐城县志略》和姚永朴先生的《旧闻随笔》记载，清康熙时，文华殿大学士、礼部尚书张英世居桐城，其府第与一吴姓人家为邻，中间有一块属于张家的空地，向来作为过往通道。后来吴氏建房子想越界占用，张家不服，张吴两家遂发生纠纷，闹到县衙。因两家同为显贵望族，县令左右为难，迟迟不予判决。

张英家人见有理难争，遂驰书京都，向张英告状。张英阅罢，认为事情简单，便提笔挥毫，在家书上批诗四句："千里修书只为墙，让他三尺又何妨。万里长城今犹在，不见当年秦始皇。"张家得诗，深感愧疚，毫不迟疑地让出三尺地基。吴家见状，觉得张家有权有势，却不仗势欺人，深感不安，于是也效仿张家向后退让三尺。于是，形成了一条六尺宽的巷道，名曰"六尺巷"。两家此举也成为美谈。

这一段佳话，留下了"吃亏是福"的千古趣谈，也留下了一种为人处世的智慧。让出一堵墙，却换来了两家人融洽的关系，何乐而不为呢？

我们无论处于何时何地，都会遇到各种各样的人，都要与各种各样的人相交相处。在人际关系中，难免会出现磕磕碰碰，难免会发生问题。有人说：只要有人的地方，就会有争斗。有的人在争斗的时候往往为顾及自己的利益而去伤害他人，最终连自己也受到了伤害。

一个青年到河边钓鱼，遇到一捕蟹老人，身背一个大蟹篓，但没有上盖。他出于好心，提醒老人说："大伯，你的蟹篓忘了盖上。"

老人回头看了他一眼，微微一笑，"年轻人，谢谢你的好意，不让你放心，蟹篓可以不盖。要是有蟹爬出来，别的蟹就会把它钳住，结果谁都跑不掉。"

那一篓互相钳制的螃蟹是否曾想到，钳住别人也就堵住了自己的出路。这启示我们：事不可做绝，凡事留三分余地予人，自己也才能留有余地，才能从容转身。

【心灵感悟】

人是看多远而走多远，而不是走多远看多远。所以我们要重视形势的动态发展，对未来情况做出尽可能精确的判断，达到心中有谱，留点儿余地，自己才能进退从容。

藏锋静若处子，不动声色做大事

踏踏实实做事，实实在在做人，同时要不动声色，闷声做大事。

——冯仑

古人云："纵无显效亦藏拙，若有所成甘守株。"古往今来，很多成大事者都经历了一个藏锋守拙、低调隐忍的阶段，虽然表面上收敛了自己的行为，却在默默沉淀自己的实力。从某种意义上说，藏锋守拙是保全人生的一种谋略，因为"小不忍则乱大谋"，因为"风物长宜放眼量"。忍耐是一种弹性的前进策略，它是人生的延长线，就像战争中的防御和后退有时恰恰是赢得胜利的一种必要条件一样。

但是，"忍字心头一把刀"。不是意志极坚强者，很难把这个写起来极简单的字做到位。

李忱是唐宪宗李纯的第十三子，于长庆中期被封为光王。在他即位之前，贵为王公的李忱却不得不离京出走，这得从他当时的处境说起。李忱的母亲并不是一个有身份有地位的妃子，她作为当时叛臣的罪孥进宫，结果邂逅了当朝皇帝——唐宪宗李纯，生下了李忱。可惜在李忱的幼年，宪宗皇帝就被宦官暗杀了，留下这一对母子，既不能母凭子贵，也不能子凭母贵。

公元820年2月，李恒（李忱之兄）被宦官扶上皇位，是为唐穆宗；4年后穆宗服长生药病逝，其子敬宗李湛接任，但他只活到18岁，驾崩后由其弟文宗李昂、武宗李炎相继接任。

在这长达20年的时间里，三朝皇叔李忱的地位既微妙又尴尬，他只能以黄老之道，韬光养晦，装傻弄痴。尽管他为人低调，不事张扬，但光王的特殊身份，还是让他逃避不了被侄儿们猜忌、排斥、挤压的命运。文宗、武宗两位皇帝更是对他心存芥蒂，非但不以礼相待，还想方设法地迫害他。公元841年，唐武宗登基时，李忱为避祸上身，便"寻请为僧，行游江表间"，远离了是非之地。应该说，李忱当时做出的这一抉择，当属大智若愚、达人知命的明智之举。而流放底层，阅尽人世沧桑，也为他将来修成大器提供了一个难得的机会。

法号"琼俊"的李忱虽然隐居于与世隔绝的深山之中，但他并没有一心向佛，忘却心中之志。握瑜怀瑾的他，效法孔明抱膝于隆中、太公钓闲于渭水，准备待时而动。在唐武宗统治的6年间，他不停地通过秘密渠道打探宫内情况，积极从事夺权的活动，以实现"归去宿龙宫"的夙愿。

虽然他一直隐藏自己的这一志向，在福建境内的天竺山真寂寺的三年间，他言行谨慎，不露端倪，但在一次与当时的名僧黄檗和尚观瀑吟联时，他那深藏于心的雄才大略却通过一副对联表露无遗。

一日，两人在山中闲话，面对悬崖峭壁上的一条飞瀑，黄檗来了雅兴，对李忱说道："我得一上联，看你能否接下联。"李忱也兴致盎然，说道："你道来我听，我必对得上。"黄檗于是吟道："千岩万壑不辞劳，远看方知出处高。"李忱几乎是脱口而出："溪涧岂能留得住，终归大海作波涛。"黄檗听了，赞赏有加。

没有深沉的寂寞，哪有动地的长歌。李忱就像那瀑布，经历"千岩万壑不辞劳"的艰险后，终将飞珠溅玉、石破天惊。公元846年，深谙权谋、忍辱负重的李忱果然在太监们的拥戴下，从侄儿手中夺过大位，成为唐宣宗，时年37岁。由于他长期在民间阅世读人，深知黎民疾苦，故躬行节俭，开言纳谏，颇有作为，号称"大中之治"。

李忱能忍人所不能忍，终于忍而后发，摆脱了多年的屈辱生活，并达到了自己的目标。可见要做大事，要成大事，关键在于一个"忍"字。真正有智慧的人，不是锋芒毕露、趾高气扬、剑拔弩张，而是如李忱一般表面憨愚窝囊，却怀揣着"狼子野心"暗里动手准备做"霸王"。

生活中我们同样要有藏锋守拙的精神，因为人生纷扰不断，若总以"得理不饶人"的心态去面对，自然会让自己处于一种孤立的境地。平时不妨多想想，有没有夸耀自己的能力，有意无意表现张扬？你的某些"志向"或"企图"有没有还没有实施就已经人尽皆知？

【心灵感悟】

万不可轻易暴露内心。要把心事放在口袋里，将自己的野心包裹起来，在"野心"尚未实现之前，绝不让人看出你的行踪和去向，不被别有用心的人窥破弱点，予人可乘之机。

小处妥协，大处取胜

最高明的处世术是妥协。

——吉姆梅尔

人的一生，会面临种种的机会与选择，也会遇到许多的冲突与挑战，一个人不可能得到自己全部想要的，有时不得不放弃一些无关紧要的东西，不得不对自己的某些利益忍痛割爱。有时，适当地妥协，弯一下腰，可以省掉不少麻烦。

张之洞与李鸿章早有嫌隙，在政见上多有不同。他看不惯李鸿章一味地对外求和的为政策略，更看不起李鸿章不顾全大局，始终维护自己淮军的局部利益的做法。但他同时也明白，李鸿章始终不服自己，多次在人前贬抑自己好大喜功。他认为李鸿章毕竟位高权重，自己如果一味地同他僵持下去，两个人之间就会由嫌隙转化为比较大的矛盾，那样对自己的前程将极为不利。

于是他决定在不牵扯重大问题的前提下，对李鸿章虚与委蛇，尽量不贸然得罪他。所以他在李鸿章母亲八十寿辰时就送去寿文，李鸿章本人七十寿辰时，他更是三天三夜几乎没有睡觉，写了一篇洋洋洒洒的寿文送给李鸿章。在寿文中,张之洞极尽能事地推崇李鸿章,赞扬李鸿章文武兼备,统领千军万马,还赞美李鸿章德高望重、勤于国事,美好的品性深得天下人的敬佩。这篇约5000字的寿文成为李鸿章所收到的寿文中的压卷之作,琉璃厂书商将其以单行本付刻,一时洛阳纸贵。

张之洞深谙妥协之道,他不仅善于委曲求全,还深刻理解了"小不忍则乱大谋"的道理。所以他常常为了达到自己的目的,不逞一时之强,而是委屈自己适应现实的需要,等到为自己积累了坚实的基础之后,再充分发挥自己的才能,来实现自己的理想,从而达到建功立业的目的。

晚清名臣胡林翼说:"能忍人所不能忍,乃能为人之所不能为。"能够忍,就有充分的时间、足够的弹性让自己调整步伐、修正策略。有原则地妥协一下,是为了在需要的时候不妥协。

所谓妥协,也就是两害相权取其轻,就是以一定的让步换取自己想得到的东西。懂得妥协的人不会一味强求利益的最大化,他会秉承"将欲取之必先与之"的原则,在"以和为贵"的理念指导下,得到自己应得的利益。也许在某一时某一事上他是吃亏的,但长远看,这种原则和理念会让他真正实现利益的最大化。

当然,妥协总是需要付出一定代价的,这种代价有时是脸面上的,有时是物质上的,但这种代价不可能是无偿的。如果得不偿失,是没有人会去妥协的,其中主要还是因为这种妥协能够得到更多的利益。人不会只图虚名,只有具备能在小处妥协、包容的心态,才能在大处取胜。

【心灵感悟】

懂得妥协的人不会事事要求别人按自己的意愿行事,因为他知道,这个世界并非只为自己而存在。每个人都有自己的意志,都有自己的喜好,只有互谅互让,才能共生共存。

第五章 \\\\\\\\\\\\\\\\\\\

每一次克制，都是一种造就

　　人生路上，每每有许多不平不顺的事情扰乱我们原本平静的心绪。如若能妥善处理当然再好不过，如果不行，那么"忍得一时之气，免受百日之忧"。如果意气用事非要争个你短我长，事情可能会越闹越严重。这时候，"生气不如长志气"，沉住气，将"出头"的欲望转化为前进的动力，用自己的实际成绩给予对方有力的一击，这样的"出头"方式，才是既有尊严，又有价值的。

忍人之所不能忍，成人之所不能成

你能把忍功夫做到多大，你将来的事业就能成就多大。

——李嘉诚

人遭遇不测风云时，能站起来就站起来，站不起来就得见机振作，即要能忍，不可撞得头破血流，让自己难有东山再起之日。当忍则忍，能屈能伸，人生之路才会越走越宽。

一位西方学者曾经说过："忍耐和坚持是痛苦的，但它会逐渐给你带来好处。"人要获得某方面的成就，必须学会忍耐，从某种程度上说，忍耐是成就事业所必需的。

一切成就都来源于忍。孔子的克己复礼是忍耐，他的思想至今在人间散发着理性的光辉，成为众人提倡的奉行之本。刘邦在取得基本胜利后广积粮、高筑墙、缓称王是忍耐，终成一代帝业；项羽急不可待，最终却是霸王别姬，饮恨乌江。韩信甘愿受胯下之辱是忍耐。司马迁受到宫刑忍耐而出《史记》。刘备与曹操青梅煮酒论英雄是忍耐，曹操说天下英雄唯使君与操尔，刘备巧借闻雷来掩饰，韬光养晦，日后才有三足鼎立之局面。

一次，滕文公面临强大的齐国将在邻国薛筑城时，心里非常恐慌，于是请教孟子应该怎么做。孟子回答说："昔者大王居邠，狄人侵之，去之岐山之下居焉。非择而取之，不得已也。苟为善，后世子孙必有王者矣。君子创业垂统，为可继业。若夫成功，则天也。君如彼何哉！强为善而已矣。"孟子举出了周朝先祖太王的例子，即太王为避狄人的侵犯，体恤百姓，到岐山避难。意在劝谏滕文公面临强敌时，不要与人争强斗胜，而是自己勉励为善，巩固内部，然后自立图强。

孟子提出了使国家保存下来的最实用的办法，也就是忍道。当国力不够强，无法与外敌抗衡时，为了生存下去就要忍。勾践灭吴的故事就是忍道的最好体现。当他被吴国打败，困于会稽山上时，他忍了下来，自己成为夫差的马夫，妻女沦为侍婢。后来终于麻痹了敌人，使夫差放他回去。回国后，他卧薪尝胆，励精图治，终于一举灭吴。这正是勾践忍的结果。

为国要忍，为人更要忍。苏轼在《留侯论》中提到，称得上豪杰的志士，大都有一般人所没有的度量。普通人受到侮辱，拔剑而起，挺身上前搏斗，这不能算是勇敢。天下有一种真正勇敢的人，遇到突发的情形毫不惊慌，无缘无故地对他施加侮辱也不动怒。为什么能够这样呢？因为他胸怀大志，目标高远。

汉高祖之所以成功，项羽之所以失败，原因就在于刘邦能忍耐、项羽不能忍耐，项羽不能忍耐，因此在败北之际，选择了自刎，空留一曲"力拔山兮气盖世，时不利兮骓不逝。骓不逝兮可奈何？虞兮虞兮奈若何"的悲歌。如果项羽能够回到江东，也许江东子弟还会跟随他，重谋天下，其结局也就不会如此悲惨。汉高祖能忍耐，当淮阴侯韩信攻破齐国要自立为王时，他忍了下来，后来找机会除掉了韩信。因此，人在该示弱时当示弱，该忍耐时当忍耐，万不可因一时之意气葬送自己的一生。

人生在世，不如意事十之八九，很多方面都需要忍。事业失败需要忍耐，感情受挫需要忍耐，人生磨难需要忍耐，人际关系需要忍耐，家庭生活需要忍耐。

忍耐是一种执著，一种谋略。忍耐是一种意志，一种修炼。忍耐是一种信心，一种成熟人性的自我完善。

明代禅宗憨山大师讲："荆棘丛中下脚易，月明廉下转身难。"人生处处都是障碍，等于满地荆棘，都是刺人的。普通人的看法，荆棘丛中下脚非常困难，但是一个有决心的人，并不觉得太困难，充其量满身被刺破而已。最难的是什么呢？月明廉下转身难，要行人所不能行，忍人所不能忍，这才是最难做到的。

【心灵感悟】

在人生的历程中，我们会遇到一些需要忍耐的事情，借以历练自己的心智。学会忍耐，在生命历程中实践忍耐，你就能够在不久的将来收获成功。

敢于低头是魄力，更是能力

> 如果你总也不肯低头，就会处处碰壁，四面楚歌，甚至抱恨终生。
>
> ——李嘉诚

　　如果把我们的人生比做爬山，有的人在山脚刚刚起步，有的人正向山腰跋涉，有的人已攀上顶峰。但此时，不管你处在什么位置，请记住：要把自己放在山的最低处，即使"会当凌绝顶"，也要懂得适时低头，因为，在你所经历的漫长人生旅途中，难免有碰头的时候。敢于低头、适时认输是成大事者的一种人生态度和格局，他们在后退一步中潜心修炼，从而获得比咄咄逼人者更多成功的机会。低头并不是自卑，认输也不是怯弱，当你明白了低头认输的智慧，当你从困惑中走出来时，你会发现，适时的低头，其实是一种难得的境界。

　　富兰克林年轻时曾去拜访一位前辈。年轻气盛的他，昂首挺胸，迈着大步，一进门就撞在门框上。迎接他的前辈见此情景，笑着说："很疼吧？可这是你今天来访的最大收获。一个人活在世上，就必须时刻记住低头。"

　　有人问过苏格拉底："你是天下最有学问的人，那么你说天与地之间的高度是多少？"苏格拉底毫不迟疑地说："三尺！"那人不以为然："我们每个人都有五尺高，天与地之间只有三尺，那还不把天戳个窟窿？"苏格拉底笑着说：
"所以，凡是高度超过三尺的人，要长立于天地之间，就要懂得低头啊。"

很多人在年轻时大都不谙世事，只会冲撞，不懂低头，结果总是碰壁，吃了不少苦头。这是大多数人的通病，不足为奇，重要的是在碰壁后，你要"吃一堑，长一智"，慢慢学会低头，才能踏上通畅的人生之路。

学会低头、懂得低头和敢于低头对我们来说是非常重要的，尤其是在社会竞争激烈的今天，生命的负载过多，人生的负载太沉，低一低头，可以卸去多余的沉重；面对自身的不足，低一低头，就可以赢得别人的谅解和信任，除去不必要的纠纷。

要学会低头，就必须懂得低头是一种智慧，它需要求同存异、应时顺势、谦恭温良。要懂得低头，就必须理解低头是一种境界。在处理人与人之间的矛盾时，懂得低头，那是君子怀仁的风度，是创造和谐社会的必备品格；在处理人与社会的矛盾时，懂得低头，那是理性人生的闪光，是取得共赢的光明之路；在处理人与自然的矛盾时，懂得低头，那是避免盲目蛮干的镇静剂，是实现人与自然和谐共处的有效途径。

要敢于低头，就必须知道低头需要勇气。面对别人的批评时，我们要勇敢地承担责任，接受教训；面对强大的敌人和困难时，我们同样需要避其锋芒，保存实力，以图再战。

不是所有人都能学会低头、懂得低头和敢于低头。现实生活中，总有那么一些人缺乏低头的勇气，结果不是碰壁，就是触网。其实，低一低头，多给自己一次机会，岂不是更好？

【心灵感悟】

低头是一种智慧，低头是一种能力，它不会使你的人生格局变小，相反，会使你的人生格局越来越大。有时，稍微低一下头，你的人生之路会走得更精彩。

忍一时之气，免百日之忧

> 忍耐是痛的，但是它的结果是甜蜜的。
>
> ——卢梭

不能生气的人是笨蛋，而不去生气的人才是聪明人，这正是纽约州前州长威廉·盖诺所坚持的信条。他被一份内幕小报攻击得体无完肤之后，又被一个疯子打了一枪而几乎送命。他躺在医院的时候说："每天晚上我都原谅所有的事情和每一个人。"

正像德国哲学家叔本华所认为的，生命就是一种毫无价值而又痛苦的冒险，"如果可能的话，不应该对任何人抱有怨恨的心理"。对待别人的批评时，及时按捺住立即升起的怒火，是一种极有修养的表现，同时也能赢得别人的尊重。在与别人交往的时候，能够做到遭人误解不但不恼反而注意不伤害对方面子的人，品德是高尚的。

有一个叫作爱地巴的人，每次生气或者与人争执的时候，他就以很快的速度跑回家去，绕着自己的房子和土地跑三圈，然后坐在田地边喘气。爱地巴工作非常勤劳努力，他的房子越来越大，土地也越来越广，但不管房子有多大，只要与人生气了，他还是会绕着房子和土地跑三圈。

爱地巴为何每次生气都这样做呢？所有认识他的人心里都疑惑，但是不管怎么问他，爱地巴都不愿意说明。直到有一天，爱地巴很老了，他的房、地也已经很广大，他又拄着拐杖艰难地绕着土地和房子走。等他好不容易走完三圈，太阳都下山了。爱地巴坐在田边喘气，他的孙子在身边恳求他："阿公，您已经年纪大了，这附近也没有人的土地比你的更大，您不能再像从前，一生气就绕着土地跑啊！您可不可以告诉我，为什么您一生气就要绕着土地跑上三圈？"

爱地巴禁不起孙子恳求，终于说出隐藏在心中多年的秘密，他说："年轻时，我一和人吵架、争论、生气，就绕着房、地跑三圈，边跑边想，我的房子这么小，土地这么小，我哪有时间、哪有资格去跟人家生气。一想到这里，气就消了，于是就把所有时间用来努力工作。"

孙子问道："阿公，你年纪大了，又变成了最富有的人，为什么还要绕着房、地跑？"

爱地巴笑着说："我现在还是会生气，生气时绕着房、地走三圈，边走边想，我的房子这么大，土地这么多，我又何必跟人计较？一想到这儿，气就消了。"

遇到生气的事情，不妨学学爱地巴，用自己的方式发泄生气的情绪，例如书法、绘画、集邮、养花、下棋、听音乐、跳舞、打太极拳等，以修身养性、陶冶情操。实际上，生别人的气，到头来还是在生自己的气。气坏自己，真是不值得。那么，忘记生气的事，选择快乐的心情，重新开始新的一天。

科学研究表明，一个人心情舒畅、精神愉快，中枢神经系统处于最佳功能状态，那么，他的内脏及内分泌活动在中枢神经系统调节下处于平衡状态，整个机体协调、充满活力，身体自然也健康。正如佛教歌曲《莫生气》所唱的："为了小事发脾气，回头想想又何必。别人生气我不气，气出病来无人替。

况且伤神又费力。"

不要过于计较个人的得失，不要常为一些鸡毛蒜皮的事而动辄发火，愤怒要克制。不生气，就能保持和睦的家庭生活和友好的人际关系、邻里关系，这样在遇到问题时才可以得到各方面的支持。

【心灵感悟】

沉下心来，想想我们周遭还有多少事以待改进，还有多少事情需要奋斗，哪有时间停留在小事上，为它恼怒、生气。要知道，每一次生气，都会让成功离我们更远一些。

生气不如争气，斗气不如斗志

面对挫折，如果只是一味地抱怨、生气，是一种消极、愚蠢的表现。

——柏拉图

日本著名科学家系川英夫在他所著的《一位开拓者的思考》一书中，讲了一段极富哲理的话："人生的重挫酷似游客翻船落水，为使身体不致被水流动所产生的吸力紧紧地吸附于船底，造成窒息性死亡，就要在落水后借助坠落的劲儿蜷缩身体一沉到底，然后再顺着水流浮出水面，以求摆脱葬身鱼腹的命运。"

这里的"蜷缩身体""一沉到底"，看上去好像一副无所作为、听天由命的样子，其实是最好的求生之道。如果不顾客观实际，落水之后就拼命地胡乱扑腾，那只能是事与愿违，落得个葬身鱼腹的下场。

同样的道理，人生路上当遭遇不公不顺之事时，如果沉不住气，硬要违背客观规律，非要蛮干硬顶，结果不仅无助于事情的解决，反而会加剧事态的进一步恶化。

王林从单位辞职以后来到深圳打工，他在一家企业做了几天文员后，被解雇了。过了一段时间仍然没有找到工作，已经到了山穷水尽的地步。

一天，身无分文的他，坐在街心公园歇息，忽然间想到这里还有一个老乡在某个报社做编辑。

于是他强打精神去找那个老乡借钱。好不容易找到了这位老乡，那人一见他的狼狈样就知道是来借钱的，于是就故意装作没有看见他。在王林小心地打了招呼后，那人才问他有什么事。王林更加小心地讲明了自己的困境。那人不耐烦地掏出 10 元钱扔在桌子上，说自己今天身上没有多带钱并且马上要出差。王林知道这是在下逐客令，心里气急了，真想把那 10 元钱抓起来砸在对方的脸上。但现实的残酷让他强压怒火，拿起那 10 元钱，默默地转身走了。

王林先用两元钱买了两个馒头，然后用一元钱买了一支圆珠笔，用两元钱买了一沓稿纸。他待在自己租的房子里，用了一天一夜的时间写了四篇反映自己打工经历的稿子，次日早上亲自将这些稿件送到一家专门发表打工者故事的杂志社。负责该栏目的编辑看了稿件后决定四篇都采用，并先付给王林一半的稿费。拿着这些稿费，王林维持了一段时间，并在这期间找到了一份工作。从那以后，经过几年的打拼，现在的王林已是一家公司的销售主管，一年能为公司创造上百万的销售业绩，同时他自己也获得了丰厚的回报，在市区买了房，也开上了自己的车。而他那位老乡，却因能力平平、人缘不好，几年来在事业上并无多大起色。

在人生的低谷，面对老乡的漠然，王林没有生气，而是将生气之心转化为出气之志，做到了"忍一时风平浪静，退一步海阔天空"。

人生路上，每每有许多不平不顺的事情扰乱我们原本平静的心绪，如若能妥善处理当然再好不过，如果不行，那么"忍得一时之气，免受百日之忧"。如果意气用事非要争个你短我长，事情可能会越闹越严重。

【心灵感悟】

"生气不如长志气"，沉住气，将"出头"的欲望转化为前进的动力，用自己的实际成绩给予对方有力的一击，这样的"出头"方式，才是既有尊严，又有价值的。

存平常心，做非常人

所谓平常之心，就是不能只想成功，而拒绝失败、害怕失败，要能正确对待成功与失败。成功了，不骄傲自满，不狂妄自大；失败了，也应该平静地接受。失败也是生活中不可缺少的内容，没有失败的生活是不存在的。生活中没有常胜将军，任何一个渴望成功的人，都应该平静地接受生活给予的各种困难、挫折和失败。

学会管理情绪，把握自己的人生

> 平常心是很强的正能量，扩散这正能量，人才能保持纯净的心灵。
>
> ——柴静

人都有自己的喜怒哀乐，这是人的天性使然。当前，社会的生活节奏加快，我们每天都要面临来自家庭、工作等多方面的压力，稍有不顺，就情绪低落、无心工作，或者暴跳如雷、迁怒他人，这都是不可取的做法。

2006年，"女秘书PK跨国公司老板"事件曾经引起了社会的广泛关注。一家跨国公司的总裁在晚上到公司办公室取东西，到了办公室门口才发现自己没有带钥匙。而这时，他的秘书已经下班。总裁多次打电话都没有联系上秘书。由于无法打开办公室的门，自然也就不能取东西，又加上联系秘书的过程，占用了总裁的太多时间，这使他非常生气，他迁怒到秘书的身上。此后，他始终无法平息心中的愤怒情绪，就在凌晨1点的时候，给秘书发了一封邮件，措辞严厉地指责了秘书。总裁也同时将这封邮件发给了公司另外几位高管。

秘书收到这封邮件，感到非常委屈。当时已是下班时间，自己在毫不知情的情况下莫名其妙地受到了老板的指责。但是，秘书在思想斗争了两天后，给总裁回复了邮件，同样也把邮件传给其他几位高管。在邮件中，她也针锋相对地反击了总裁的指责。后来，女秘书的邮件意外地被公开，众多的网友在网络上为女秘书冠以"史上最牛女秘书"的称号。

当然，上述事件之所以能够引起社会的广泛关注，原因甚多。其中之一就是，总裁、秘书两者之间的地位不对等。一般情况下，秘书往往对总裁唯命是从、唯唯诺诺，鲜有如此火爆反击的行为。引起关注的另外一个原因就是，这诱发了人们对于情绪管理的反思。作为高层，更应该不断提高自己的修养，恰如其分地控制自己的情绪。即使位居企业的高层，也不能过分放纵自己的情绪，没有原则地迁怒到员工身上。而员工也要学会迂回曲折的策略，巧妙地化解来自工作中的干戈。

有情绪固然是人的一种本能。但是，不能过多地把不稳定的情绪带到工作中。有些人容易受到情绪的影响，喜怒无常。情绪经常波动的员工当然也不受欢迎。冲动是魔鬼，人在受到极端刺激的时候，往往会失去理智，抑制不住自己的情绪，打破正常的行为规范，其结果呢？轻则伤害同事之间的感情，重则触犯法律的禁区。在面临有可能让自己不满、愤怒的事情时，要学会控制自己的情绪，学会情绪管理。当然，情绪管理不仅仅作为谋生的技巧，也是我们体验生活、享受人生的技巧，是通向自我实现的途径。

人的情绪处于不断的波动状态。不同的负面情绪，诸如生气、愤怒、后悔、恐惧、悲伤、失望、压力等，对我们的影响也是不同的。如果长期得不到解决，纵容自己发展下去，不仅影响到了自己的工作，也会破坏与同事之间的关系，影响到自己在公司的形象，大大降低自己的生活质量。因此，要采取针对性策略来化解自己的情绪，把负面情绪转化为积极的情绪来面对工作。

工作中常常会有让自己不如意的地方，这是难以避免的。没有必要事事都要斤斤计较。不要总是企图论证自己的优秀、别人的拙劣，自己的正确、别人的错误；不要事事、时时、处处总是唯我独尊；不要事事、时时、处处总是固执己见。要学会以平常的心态来对待。

平常心是人生的一种豁达，是一个人有涵养的重要表现。没有必要和别人斤斤计较，没有必要和别人争强斗胜，给别人让一条路，就是给自己留一条路。平常心是一种博大的胸怀，它能包容人世间的喜怒哀乐；平常心是一种境界，它能使人生跃上新的台阶。

恰当的处理并不仅仅是化解不良的情绪，还要能够转化为积极的动力，充分发挥自己的潜能，抵御消极情绪对自己的影响，激发自己工作的热情和积极性。很多研究都表明，积极情绪能够有效提高工作的效率，提升自己对工作、生活的满意度，提升自己的幸福感。

在非原则问题和无关大局的事情上，善于沟通和理解，善于体谅和包容，善于妥协和让步，既有助于保持心境的安宁与平静，也有利于人际关系的和谐和团队环境的稳定。在愉悦的情绪下工作，就会体验到快乐、充实的人生意境。即使面对再大的挑战，也有充足的准备来应对。同时，也能够有效地感染周围的同事，把积极的情绪辐射给周围的人，这是一个自身、同事、家人等多方共赢的结果。

【心灵感悟】

情绪本来没有对错之分，取决于是否能够恰当地管理。情绪管理是每个人都无法回避的问题。

改变心境就能改变生活

今日的执著，会造成明日的后悔。

——证严法师

多年以前，有一个女孩被强暴了。她非常痛苦，就到庙里去烧香求签。看到女孩一脸悲伤，一位老和尚问她发生了什么事。

这个女孩哭了，她泣不成声地说："我好惨啊，我多么的不幸啊，我这一辈子都忘不了这件事情了……"

听罢她的陈述，老和尚对她说："这位小姐，你被强暴是你自愿的。"

这个女孩被老和尚的这句话吓了一跳，说："你说什么？我怎么可能自愿被强暴？"

老和尚对她说："你被他强暴了一次，但在你的心里天天心甘情愿地被他强暴一次，那你一年下来，就被他强暴了 365 次。"

"这是什么意思呢？"女孩不解地问。

"在你身边发生了一件不好的事情，你好像看了一场不好的电影一样，天天在回想，这不是很笨的事情吗？这与重蹈覆辙有什么区别呢？你改变不了环境，但你可以改变自己；你改变不了事实，但你可以改变态度；你改变不了过去，但你可以改变现在；你不能控制他人，但你可以掌握自己；你不能预知明天，但你可以把握今天；你不可能样样顺利，但你可以事事尽心；你不能延伸生命的长度，但你可以决定生命的宽度；你不能左右天气，但你可以改变心情……"

人生在世，谁都难免遭受一些意外的打击，当事情已经发生，并且无法挽回时，最好的办法是学会遗忘，改变心情，不要沉浸在没完没了的痛苦中。

法国雕塑家罗丹说过："对于我们的眼睛，不是缺少美，而是缺少发现。"生活中有许许多多的美好事物，许许多多的快乐，关键在于我们能不能发现。而要发现它，关键在自己。

有一个人，日子过得烦闷而无趣，他要去找那些快乐的人，问问快乐的秘诀。他想，国王尊贵而富足，一定快乐。他见到了国王，国王却说："我一天要面对那么多要处理的事，我还要时时操心王位是否牢固，我晚上觉都睡不安稳，哪有快乐可言？"他又想，流浪汉一天无忧无虑的，一定快乐。但流浪汉说："我连今天晚上到哪儿睡觉都没着落，我哪会快乐？"这个人搞不懂了，世界上真没有快乐的人了吗？哪里才能找到快乐的秘诀呢？这时一个老者告诉他，国王也可以快乐，只要他不被权力和金钱迷住了心灵；流浪汉也可以快乐，只要他不被贫困压倒。快乐不快乐，就在你自己，关键是你以什么角度看待问题。

我们来看一下银行职员巴辛的故事。他的心情总是很好，当有人问他近况如何时，他总会回答："我快乐无比。"

如果哪位同事心情不好，他就会告诉对方怎么去看事物好的一面。他说："每天早上，我一醒来就对自己说，巴辛，你今天有两种选择，你可以选择心情愉快，也可以选择心情不好，我选择心情愉快。每次有坏事情发生，我可以选择成为一个受害者，也可以选择从中学些东西，我选择后者。人生就是选择，你要学会选择如何去面对各种处境。归根结底，你自己选择如何面对人生。"

有一天，银行遭遇了三个持枪歹徒的抢劫。歹徒朝他开了枪。

幸运的是发现较早，巴辛被送进了急诊室。经过 18 个小时的抢救和几个星期的精心治疗，巴辛出院了，只是仍有小部分弹片留在他体内。

6 个月后，他的一位朋友见到了他。朋友问他近况如何，他说："我快乐无比。想不想看看我的伤疤？"朋友看了伤疤，然后问当时他想了些什么。巴辛答道："当我躺在地上时，我对自己说有两个选择：一是死，一是活。我选择了活。医护人员都很好，他们告诉我，我会好的。但在他们把我推进急诊室后，我从他们的眼神中读到了'他是个死人'。我知道我需要采取一些行动。"

"你采取了什么行动？"朋友问。

巴辛说："有个护士大声问我对什么东西过敏。我马上答'有的'。这时，所有的医生、护士都停下来等我说下去。我深深吸了一口气，然后大声吼道：'子弹！'在一片大笑声中，我又说道：'请把我当活人来医，而不是死人。'"

在任何时候，你都可以改变你对事物的认知和自己的心情，只要你愿意选择积极乐观的想法，你就可以成为快乐的主人。

【心灵感悟】

有些痛苦是外力强加的，但更多的痛苦是自己选择的，比如，强迫自己的内心去回忆痛苦的往事，这就是给自己强加的另一种痛苦。

心平常，自非凡

要保持一颗平常心，要培养顺其自然的心态。

——周晋峰

　　"心平常，自非凡"，生活和工作当中，很多人并不是被自己的能力所打败，而是败给自己无法掌控的情绪。人生不如意事十之八九，在现实工作中，在激烈的竞争形势与炽烈的成功欲望的双重压力下，许多人往往会出现焦虑、急躁、慌乱、失落、颓废、茫然、百无聊赖等困扰工作的情绪，这种情绪一齐发作，常常会让人丧失对自身定位的能力，变得无所适从，从而大大地影响了个人能力的发挥，使自己的工作效能大打折扣，生活也因此变得混乱不堪。

　　古人云："宁静以致远，淡泊以明志。"身在现代社会，能够远离浮躁，常怀一颗平常心，就能够超越自己，成为一名工作高效、生活平衡的人。

　　2004 年 8 月 21 日，在雅典奥运会女子 75 公斤以上级举重比赛中，唐功红的成绩在抓举比赛结束后依然靠后，夺金形势堪忧。但好在挺举是她的优势，如果唐功红能超常发挥，仍然有机会向金牌发起冲击。挺举比赛开始，在抓举中成功举起 125 公斤的美国选手哈沃蒂第一把就举起了 150 公斤，第二把又举起了 152.5 公斤，第三把举起了 155 公斤，以总成绩 280 公斤结束了比赛。而在前两次试举失败后，乌克兰选手维克托第三次终于成功举起了 150 公斤，也以总成绩 280 公斤结束了比赛。波兰选手罗贝尔第一把成功举起了 165 公斤，但在第二把 167.5 公斤时重心偏后失败，第三次试举也失利，最终以总成绩 295 公斤结束了比赛。韩国选手张美兰出场第一把就成功举起了 165 公斤，但在举 170 公斤时告负，第三次试举时，张美兰举起了 172.5 公斤，总成绩达到 300 公斤，给唐功红夺金增添了难度。

轮到唐功红出场了，抓举落后对手 7.5 公斤的她，必须奋力一搏。这时候她心里只想着一句话，那是教练对她说过的——"拼了，你随意去举，举起举不起都是英雄"。

此时的杠铃重量已是 172.5 公斤，第一举重心偏后没有成功。第二次登场，唐功红咬紧牙关，成功举起了这一重量，显示了她超群的挺举实力。第三把唐功红要了 182 公斤，只见她顶住压力，顽强挺举了这一重量，最终以 302.5 公斤拿到了这块金牌，打破了挺举和总成绩的世界纪录。

"拼了，你随意去举，举起举不起都是英雄。"勇者的气魄在这一刻展现得淋漓尽致。这时候的唐功红心里并没有想着要赢、要胜利，她想的只是尽力而为。

最终，她以一颗平常心收获了沉甸甸的金牌。

无论做事还是做人，除了要善于抓住时机，懂得运用必要的技巧之外，还需要沉得下心来，保持一颗平常心。这种平常心，对于一名想要平衡自己的工作和生活、提高工作效率的人来说，是十分重要的。

所谓平常之心，就是不能只想成功，而拒绝失败、害怕失败，要能正确对待成功与失败。成功了，不骄傲自满，不狂妄自大；失败了，也应该平静地接受。失败也是生活中不可缺少的内容，没有失败的生活是不存在的。生活中没有常胜将军，任何一个渴望成功的人，都应该平静地接受生活给予的各种困难、挫折和失败。

世界乒乓球冠军王楠认为，在乒乓球比赛中，输赢是很正常的，谁也不可能只赢不输，重要的是保持一颗平常心。在45届世乒赛女子单打决赛中，王楠在先输两局的情况下，凭借自己的一颗平常心，沉着、镇定，出色地发挥了自己的技战术水平，连胜三局，取得女子单打世界冠军。

"心平常，自非凡"，心态就是战斗力，越是艰难越要沉得住气，越要保持从容不迫的心态。在奥运会上夺得金牌的冠军在接受媒体采访时，说得最多的一句话就是：保持平常心。的确，在竞技场上保持平常心，就能使竞技者超水平发挥，取得意想不到的成绩。在工作中更是这样，只有保持平常心，我们才能保证自己高效率地投入自己的工作。

你要让自己的心情彻底放松下来，要沉得住气，不要让欲望牵着你到处奔跑。让脚步随着心态走，让浮躁的心安顿下来，你就会体会到海阔天空。

【心灵感悟】

面对生活，你抱持何种心态，直接关系到你的工作效能和生活质量。多一分平常心，对生活就会多一分从容和洒脱。

一颗平常心，出世入世皆从容

平常心就是最自在、最愉快的心。

——弘一法师

一个真正智慧的人，在物质世界当中会抱着一种超然物外、游戏人间的心态看待人生，即"以出世之精神，做入世之事业"。以一颗平常心，守住做人的本分，从俗事中解脱，不被物质所累。

生活中，人们总是牵挂得太多，太在意得失，所以情绪起伏。被负面的人性牵着鼻子走的人，根本不可能活出潇洒的境界。

在平常心中沉淀，以出世的心做入世的事，不让世俗功利蒙蔽你的心灵，淡然面对得失，坦然接受成败，才能超脱物我，找到生命的真谛。

有个人问慧海禅师："禅师，你可有什么与众不同的地方？"

慧海答："有。"

"是什么呢？"

慧海答："我感觉饿的时候就吃饭，感觉疲倦的时候就睡觉。"

"这算什么与众不同的地方，每个人都是这样的，有什么区别呢？"

慧海答："当然是不一样的！"

"为什么不一样呢？"

慧海答："他们吃饭时总是想着别的事，不专心吃饭；他们睡觉时也总是做梦，睡不安稳。而我吃饭就是吃饭，什么也不想；我睡觉的时候很少做梦，所以睡得安稳。这就是我与众不同的地方。"

慧海禅师继续说道："世人很难做到一心一用，他们在利害得失中穿梭，囿于浮华的宠辱，产生了'种种思量'和'千般妄想'。他们在生命的表层停留不前，这是他们生命中最大的障碍，他们因此而迷失了自己，丧失了'平常心'。要知道，只有将心灵融入世界，用心去感受生命，才能找到生命的真谛。"

由此可见，心无杂念的心才是真正的平常心。这需要修行，需得磨炼，一旦我们达到了这种境界，就能在任何场合下，放松自然，保持最佳的心理状态，充分发挥自己的水平，施展自己的才华，从而实现完满的"自我"。

【心灵感悟】

以出世之精神，做入世之事业，以恬淡的心境面对万事万物，反而更容易"无心插柳柳成荫"。

抱守内心的简单与朴素

鲁莽而天真的人生活得比较合理。

——梁漱溟

居里夫妇结婚时，他们的会客室只摆着一张简单的餐桌和两把椅子。后来，居里的父亲来信对他们说，自己准备送给他们一套家具，问他们需要些什么样的家具。看完信后，居里若有所思地说："有了沙发和软椅，就需要人去打扫，在这方面花费时间未免太可惜了。"

居里对新婚的妻子说："不要沙发可以，我们只有两把椅子，再添一把怎样？客人来了也可以坐坐。""要是爱闲谈的客人坐下来，又怎么办呢？"居里夫人提出反对意见。最后他俩决定，不再添加任何家具了。

读了这个故事，你是否可以感受到一种简朴的美。作为科学伟人，居里夫妇的内心是简单和朴素的，然而他们的生命也正因如此而美丽、闪光。简朴是一种美，懂得欣赏简朴的美，更能够懂得美的内涵。

人都说大自然最美，那是为什么？因为大自然朴实无华，天然无雕饰。

不论是沙漠高山，还是江河溪流，都没有一点儿矫揉造作、故作姿态的模样，总是自然呈现在人们面前。大文豪托尔斯泰在《追求幸福的伊利亚斯》中讲到的就是这样一个故事。

伊利亚斯夫妇出身贫寒，他们立志要追求幸福，因此胼手胝足，努力营生，后来拥有了大量的财富。然而好景不长，由于种种原因家道衰落，曾经富甲天下的伊利亚斯夫妇很快就没落了。到了老年，他们一贫如洗，只得去帮佣。好在他们能乐天知命，在雇主家里，反而过着安定幸福的生活。他们曾说过："当我们富有时，有许多事让我们操心，所以没有时间交谈，没有时间想到灵魂，向上苍祷告。我们忙碌又忙心，也常因浮躁而吵架。现在，我们清晨起来，会彼此说几句恩爱的话。生活平静，不争吵。我们只需要服侍主人，尽心为主人工作。我们工作回来，有晚餐可吃，有乳酒可喝，天冷有燃料可烧。我们有时间闲谈，有时间思考灵魂，也有时间祷告。50年来我们追求幸福，直到现在才找到。"

即使是长在乡间小道的野草，你看它们虽天天被日晒雨打，甚至被路人践踏，但总是那样色彩动人，气味清香，浑身野趣，充满着生气和活力。美丽的往往都是简单的。艺术上讲究返璞归真，同理，生活是也这样。

托尼在玻利维亚海拔二千八百米的喀喀湖畔生活了92年，他从来没有摘下过那顶满是尘土的旧毡帽。那里的空气稀薄而干燥，连他自己也没有想到能活这么久。他的信仰是一种奇怪的混合，既有玛雅印第安的古老宗教烙印，也有罗马天主教的内容。他对人生的总结是："不要说谎，不要懒惰，不要偷窃。上帝会眷顾我们。"

横亘的大山，茂密的森林，成群成群的山羊和宠物，美丽的小屋……这就是丽贝卡在澳大利亚詹伯鲁的生活。她站在绿茵茵的草地上，晨曦洒在她历经92年寒暑的脸上，阳光般灿烂的笑容年轻得令人吃惊。她一个人在这里过着孤单但不孤独的生活，几个为露营者准备的帐篷为她带来一定的收入。

山羊奶是她最好的营养品。她每天都要在林中散步，如果不能按计划行事，她也要在脑子里把那条路走一遍。

读完以上文字，你感觉两位主人公的生活怎样，是不是感到一股凉凉爽爽、淡雅悠长的气息迎面而来？两位主人公的生活，清新、简朴、淡雅、乐观，寂寞却着实令人羡慕。以推崇"简单生活"理论而闻名的美国作家玛丽·茵·普兰特指出：当你用一种新的视野观看生活、对待生活时，你就会发现许多简单的东西才是最美丽，而许多美的东西正是那些最简单的事物。这两个主人公的生活之所以美好，正是缘于他们有一颗善于走进简单生活、走进美的心灵。

【心灵感悟】

美来自简朴，同样，简朴的生活也是美丽的。

第七章 \\\\\\\\\\\\\\\\\\\\\\\\\\\
别着急，属于你的岁月都会给你

不急躁才不会迷失方向。不为浮尘遮望眼，就不会失掉前进方向。有了方向，才能更好地前进。因此，无论外界环境如何变化，我们时刻都要回归理性，思考自己的定位和价值，不要让急躁之心遮挡了发展方向。

急躁会让人失去理智

急躁没有用，后悔更没用；急躁增加罪过，后悔给你新罪过。

——歌德

品味过生活的紧张与焦灼，人们的心情开始变得急躁不安。可是有时候，急躁往往不利于事情的发展，因为急躁总会让我们失去理智，少了理智办事情难免会有犯错的可能。因此，与其让急躁的心影响到我们正常的思维，不如让我们静下心来，也许事情会向更好的方向发展。

在联想创立之初，最令人头疼的事情是没人知道自己该去做什么，就连柳传志等"三人核心"也说不清楚。因此，整个公司都像没头苍蝇一样到处乱撞，急躁却又没有头绪。先是倒卖电子表、旱冰鞋，还有运动裤衩和电冰箱——最后卖彩电还被别人骗了！

经过一段时间的折腾之后，柳传志等人冷静下来，开始思考自己应该干什么，能干什么。当时改革开放刚刚开始，中关村林立的电脑公司大多数以贸易为主。从国外进口电脑，然后再加价卖出去。一台 286 电脑零售价 4 万多元人民币，可以赚 2 万元利润。柳传志他们是研究计算机的，与纯粹民办的企业相比他们有官方背景，身后还有一个代表中国最高水平的中国科学院计算技术研究所，他们当然应该做电脑。既然瞄准了电脑这一方向，就应该坚持走下去。从那时开始，柳传志就始终把企业的发展战略定位于计算机领域，目标是成为长期的、大规模的高科技企业。

在此后的发展过程中，无论是面临严重的竞争危机，还是面对国内暴利的房地产热、炒股热，联想都心无旁骛，一步一步地向目标逼近，他们不再急躁做事了。因为他们知道，急躁只会让事情向相反的方向发展，并不会对达到目标有促进作用。在确定了长期的战略目标后，联想制定了"贸工技"的发展路线。

柳传志认为，学会做贸易是实现高科技产业化的第一步。先通过贸易积累资金，了解市场。等打通了销售渠道后，联想就可以自己生产产品。对于自己的发展思路，柳传志这样说，"我们当时一心要形成产业，做贸易只是权宜之计，成功以后，胆子越来越大，敢往上做了。我们第一次制定了一个长远战略目标，以及分几步去实现。学会了制定战略，然后把战略目标分解成具体的步骤。目标太高了，我们就把土垒成台阶，一个台阶一个台阶往上走，联想集团也就随之壮大起来。"

通过联想的发展历程，我们可以看出一种理性和务实的精神。先是根据自身的条件和优势，确定长期战略目标。然后紧紧围绕自己的战略目标，采用"贸工技"的发展思路，一步步由一个十几人的公司做到世界 500 强企业。

与联想集团一样，任正非和其创建的华为集团同样是靠着理性和务实发展起来的。国内一位企业家评价过任正非，说："任正非是一只沙漠上孤独的狐狸。他失败过，痛苦过，也忧郁过，但他最终都以最有静气、最有定力的力量渡过难关。他以理性、智慧和勤奋影响了中国的企业和企业家，也影响着全球通讯行业格局。"

华为一开始也给别人做代理，但当任正非认识到"技术是企业的根本"后，便和"代理商"这个身份告别，踏上了技术兴企的道路。在《华为基本法》中，第一章是公司宗旨，第一条规定了公司的发展方向："为了使华为成为世界一流的设备供应商，我们将永不进入信息服务业。通过无依赖的市场压力传递，使内部机制永远处于激活状态。"这一条决定了华为公司的战略规划思路，并为员工开展工作指明了方向。对于华为来说，值得庆幸的是从成立第一天开始，它就紧守着这个在中国具有高度成长性的行业，从未离开。

2010年7月8日，美国知名杂志《财富》公布了2010年《财富》世界500强企业最新排名，华为首次入围。继联想集团之后，华为成为闯入世界500强的第二家中国民营科技企业，也是500强中唯一一家未上市公司。

华为和联想，是中国仅有的两家入围世界500强的民营企业。在我国民营企业30多年的发展历史上，多少企业如昙花一现，只有这两家民营企业能够挺立潮头，撑起民族工业脊梁，其原因就在于其领导人的经营思路和企业发展始终是建立在理性务实的基础之上。他们不会急躁，遇事情总是能理性分析、解决，这样才会有方向，才能走得更远。

我们做人也一样，不能急躁，不急躁才不会迷失方向。不为浮尘遮望眼，就不会失掉前进方向。有了方向，才能更好地前进。

【心灵感悟】

无论外界环境如何变化，我们时刻都要回归理性，思考自己的定位和价值，不要让急躁之心遮挡了发展方向。

不要被生活赶着拼命，让灵魂喘口气

疾驰的骏马落后，缓步的骆驼却不断前进。

——萨迪

英国诗人兰德晚年写过一首《生与死》的小诗："我和谁都不争／和谁争我都不屑／我爱大自然／其次是艺术／我双手烤着生命之火／火萎了／我也准备走了。"这首小诗枳极乐观、宁静淡泊的境界，是处于喧嚣的尘世也不会为万念所动的心平气和的写照。

这种心平气和就是不为虚荣所诱，不为权势所惑，不为金钱所动，不为美色所迷，不为一切浮华沉沦。但在物欲横流的社会，"金钱权力""声色犬马"处处充满了诱惑和陷阱，要想保持一份平常心绝非易事，因为生活中我们往往被太多的物欲所困扰。生活中充满了急功近利、浮躁与喧嚣，很难保持内心的清明与平静。

他上大学时，告别了单车族，靠做家教的收入成为机车族。当超越同学们骑的单车，呼啸而过时，心中隐隐有一股很优越的感觉。大学毕业，进入社会，他又拼命工作赚钱，进而很快地就成为"汽车族"。每遇红灯，车停路口时，看着旁边日晒雨淋的机车骑士，他心里为他们悲悯，但更为自己骄傲。

后来，他去一座小岛旅行，这种优越感终于被棒喝了回来。那天，他的眼镜很不幸地被摔坏了，只好很无奈地中断行程，叫出租车回旅馆。在车上顺便打听什么地方可以把眼镜修好。

司机说，这小岛上没有眼镜行，只有到离小岛不远的省城才能修。他禁不住叹了一口气："你们这里真不便。"

司机却笑着说："因为这里的人很少近视，所以也没觉得有什么不方便。"他听这司机谈吐不俗，便决定包他一天车，去省城修眼镜，再参观一下市区。司机犹豫了几分钟，才说："那我明早八点到旅馆来接你。"

第二天，他在省城逛了一上午，感觉没什么好玩的地方，便想打道回府，下午就待在旅馆里游泳、休息。但是他又想到司机为接他这笔生意，肯定推掉了很多原来的计划，就感到有点儿不好意思。为难了很久，他吞吞吐吐地跟司机说："司机先生，真是不好意思，我想改成只包半天，你看是不是会给你带来不便呢？"没想到司机却非常高兴地说："一点儿都不会。昨天，你要包一整天车，我有些犹豫，本来我不接受包整天车的，就因为跟你谈得来我才同意的。"

他有点儿迷惑地说："这是为什么呢？"司机回答："因为我设定了一个工作目标，每天只要做到八百元钱，我就收工，你用一千六包我一整天，那我自己就没有时间了。"

"你可以存钱，第二天休息呀。"

司机笑着说："先是做一整天再休息，然后就变成做一个月、做一整年再休息，最后是做一辈子，终身不得休息。工作也会习惯的。"

他问："那你们闲着干吗呢？时间那么多，不会觉得无聊吗？"

司机看着他，就像碰到外星人一样，说："这里有那么多好玩的事情，我怎么会感到无聊呢？我们岛上每家都养斗鸡，收工后，我们就斗斗鸡、放放风筝，到沙滩打打排球、游游泳，多有意思呀！"

从那个小岛回来，那位司机的话就像至理名言，不断地出现在他的脑海里。他一下突然觉得前半辈子完全"误入歧途"。再这样干下去，可以想到，房子肯定越换越大，大到没有办法打扫，再请保姆，为了还房贷和养保姆，只好拼命工作，有家不能回。那么大的房子又有什么用处呢？

在路上开车，他又想这样开着车，懒得走路，四体不勤，身体越来越胖，只好去买个脚踏车或跑步机来放在家里踩。但有时忙得要死，有时又不愿动弹，坚持不了很长时间，那还不如干脆骑单车去上班，爬楼梯走路呢！在这个小岛和司机的一次谈话，不光治好了他文明的近视，而且也让他的人生境界随之豁然开朗了起来。

从人本身来说，我们所希求的东西并不是很多，但人往往会生出许多欲望来，那些欲望直至大到我们所不能够承受，平白地给我们许多压力，让人觉得累，觉得疲惫，让你竟然忘记了你完全可以将这一切抛却，活一个快乐潇洒的自己。要想拥有幸福的生活，就要学会控制你的欲望，也要懂得放弃。

【心灵感悟】

放弃需要明智，须知该是你的便是你的，不是你的，任你苦苦挣扎也得不到。有时你以为得到了，可能失去的会更多；有时你以为失去了不少，却有可能获得了许多。

不是这世界太喧嚣，是你的心太吵闹

> 安静并不是一种懒散、没有生气的状态，而是一种内在的心灵状态。
>
> ——周国平

富有的农夫在巡视谷仓时，不慎将一只名贵的手表遗失在谷仓里。他在偌大的谷仓内遍寻不获，便定下赏金，要农场上的小孩到谷仓帮忙，谁能找到手表，给他50美元。

众小孩在重赏之下，无不卖力地四处翻找，但是谷仓内满坑满谷尽是成堆的谷粒，以及散置的大批稻草，要在这当中找寻小小的一只手表，实在是大海捞针。

小孩们忙到太阳下山仍一无所获，一个接着一个放弃了50美元的诱惑，一起回家吃饭去了。只有一个贫穷的小孩，在众人离开之后，仍不死心地努力找着那只手表，希望能在天黑之前找到它，换得那笔巨额赏金。

谷仓中慢慢变得漆黑，小孩虽然害怕，仍不愿放弃，手上不停摸索着。突然，他发现在人声静下来之后，出现了一个奇特的声音。

那声音"滴答、滴答"不停响着，小孩顿时停下所有动作。谷仓内更安静了，"滴答"也响得更加清晰。小孩循着声音，终于在偌大漆黑的谷仓中找到了那只名贵手表。

在安静的境界中，一切皆可寻。安静是心灵的平静，让你在嘈杂浮华中找到自己的心灵空间。一旦你知道如何达到安静，就可以帮助你在遭遇困难时重新找回幸福的感觉，也可以让你更从容地面对生活中的压力和挫折，还可以让你欣赏到生活中的美好。

现在，让我们给自己一段可以放慢脚步的时间，享受放松时的美好与快乐。让自己放松，你就会觉得很舒服。

你是否时常回顾过去轻松休闲、没有刺激的好时光？你是否时常单独在空旷的海滩或安静的公园里散步？你是否曾经在派对上或电视节目进行到一半时离开而来到花园里的树下？

只要你开始回想这些事，就会发现，让自己安静的过程本身就是一种乐趣。它不是娱乐，也不是一种感官刺激，但是，它确实是一种乐趣，一种单纯且无罪的乐趣。

你应该开始了解——就算意识上还没有了解，潜意识应该也能够体会——达到安静是让你快乐的最简单、最有效的方法，也是通向幸福天堂的路。

可见安静是人生最好的境界，是人们必修的一堂课，它是春天里清朗的歌声，是秋天里收获的喜悦。丰富的安静和其他道德一样珍贵，它的价值远远胜过财富。在名利场里勾心斗角，或为几块金币、几亩田地同别人争白了头发，到头来也只不过是一日三餐和最后的几尺坟地。与安静的生活相比，这种生活很让人不屑一顾。

有人曾这样说过："我们会结识这么一些人，他们勤奋、努力地工作，但是脾气暴躁，生活也因此而变得混乱不堪。他们无法欣赏美好的事物，只顾匆匆赶路，却忘了欣赏路边的风景，从而葬送了自己幸福安静的生活。在我们身边，我们所能碰到的真正能享受平和宁静生活的人真是越来越少了。"

在当今这个忙碌的社会，人们会因各种各样的事情而狂躁不安，会因自我控制能力的弱化而情绪波动，会因焦虑和多疑而饱经风霜。只有那些明智的人，才会掌控并引领自己朝他原本需求的方向走去。

无论你在哪里、在做什么、要往哪里去，都请你记住：在生活的沙漠中，总会有一片绿洲等你去发现，总会有一些花朵在为你绽放。

【心灵感悟】

偶尔放慢脚步，好好欣赏生活的每一个角落。因为更多的时候，幸福是躲在安静背后的一道风景。

积极心态的人越来越幸运

默认自己无能，无疑是给失败制造机会。

——拿破仑

无数成功人士的奋斗历程已经验证：成功是由那些抱有积极心态的人所取得的，并由那些以积极的心态努力不懈的人所保持。

有两个有着特殊背景的人都有着亚洲血统，后来都被来自欧洲的外交官家庭所收养。两个人都上过世界有名的学校，但他们两个人之间存在着不小的差别：其中一位是40岁出头的成功商人，他实际上已经可以退休享受人生了；而另一个是学校教师，收入低，并且一直觉得自己很失败。

有一天，他们一起出去吃晚饭。晚餐在烛光映照中开场了，不久话题进入了在国外的生活。因为在座的几个人都有过周游列国的经历，所以他们开始谈论在异国他乡的趣闻轶事。随着话题的一步步展开，那位学校教师开始越来越多地讲述自己的不幸：她是一个如何可怜的亚细亚孤儿，又如何被欧洲来的父母领养到遥远的瑞士，她觉得自己是如何的孤独。

开始的时候，大家都表现出同情。随着她的怨气越来越重，那位商人变得越来越不耐烦，终于忍不住在她面前把手一挥，制止了她的叙述："够了！你说完了没有？！你一直在讲自己有多么不幸。你有没有想过如果你的养父母当初在成百上千个孤儿中挑了别人又会怎样？"学校教师直视着商人说："你不知道，我不开心的根源在于……"然后接着描述她所遭遇的不公正待遇。

最终，商人朋友说："我不敢相信你还在这么想！我记得自己25岁的时候无法忍受周围的世界，我恨周围的每一件事，我恨周围的每一个人，好像所有的人都在和我做对似的。我很伤心无奈，也很沮丧。我那时的想法和你现在的想法一样，我们都有足够的理由抱怨。"他越说越激动，"我劝你不要再这样对待自己了！想一想你有多幸运，你不必像真正的孤儿那样度过悲惨的一生，实际上你接受了非常好的教育。你负有帮助别人脱离贫困旋涡的责任，而不是找一堆自怨自艾的借口把自己围起来。在我摆脱了顾影自怜，同时意识到自己究竟有多幸运之后，我才获得了现在的成功！"

那位教师深受震动。这是第一次有人否定她的想法，打断了她的凄苦回忆，而这一切回忆曾是多么容易引起他人的同情。

商人朋友很清楚地说明他们两人在同样的环境下历经挣扎，不同的是他通过清醒的自我选择，让自己看到了有利的方面，而不是不利的阴影，"凡墙都是门"，即使你面前的墙将你封堵得密不透风，你也依然可以把它视作你的一种出路。

人，就是一条河，河里的水流到哪里都还是水，这是无异议的。但是，河有狭、有宽、有平静、有清澈、有冰冷、有混浊、有温暖等现象，而人也一样。

心理的力量比技能的力量更强大。任何人从事任何职业和活动，都需要一定的技能，更需要积极的心态。爱因斯坦曾说过："我没有特别的天赋，我只有强烈的好奇心。"在这位科学巨人的思维世界里，好奇心是做事的动力。这也绝妙地表现了他的健康心态和积极心理。历史和事实启示我们，成功的决定因素是积极的心态。

【心灵感悟】

拥有积极的心态，即使遭遇困难，也可以获得帮助，事事顺心。

压力有"度"，保持乐观心态

世界如一面镜子：皱眉视之，它也皱眉看你；
笑着对它，它也笑着看你。

——塞缪尔

当今社会，人们一直生活在精神压力中，如生存竞争的压力、对危险和死亡的恐惧、人际关系的压力、情绪与情感的压力等。每个人都要给自己的压力一个限度，不能任其发展，否则过大的压力会让我们精神上产生自卑、暴躁、悲观、失望等消极情绪，影响我们的正常生活和工作。

美国著名的社会心理学家马斯洛曾说："心若改变，你的态度跟着改变；态度改变，你的习惯跟着改变；习惯改变，你的性格跟着改变；性格改变，你的命运跟着改变。"换言之：你拥有一个怎样的心态，就会拥有一个怎样的人生。

一个心中布满阴霾不阳光的人并不是命运不好、境遇不好，只是自己的心态不好，即使最快乐的事到了他那里也会变成烦恼。这样的人心情悲观、抑郁，整天愁眉苦脸地面对生活，不管做什么事情都不积极，导致错误百出，而且经常跟别人发脾气，不愿意配合别人的工作，人际关系相当紧张。结果，他的自我价值实现变得越来越少，自我否定的因素不断增加，从而使心情更加消极抑郁，形成一个恶性循环。

人生有快乐时，也有烦恼时。每个人都会有快乐的体验，也会有烦恼的体验，但为什么有的人快乐多于烦恼，有的人却烦恼多于快乐呢？

有两个人在沙漠的黑夜中行走，水壶中的水早就喝完了，两人又累又饿又渴，体力渐渐不支了。在休息的时候，其中一个人问另一个人，现在你能看到什么？

被问的那个人回答道："我现在似乎看到了死亡，似乎看到死神在一步一步地向我靠近。"

发问的人却微微一笑，说："我现在看到的是满天的星星和我的妻子、儿女等待我回家的脸庞。"

两个人看到了两种景象，最后，那个说看到死亡的人真的死了，就在快要走出沙漠的时候，他用刀子匆匆结束了自己的生命；而另一个说看见星星和自己妻子、儿女脸庞的人靠着星星的方位指示成功地走出了沙漠，并成为人们心目中的英雄。

其实这两个人并没有根本的区别，仅仅是当时的心态不同，但在最后却演绎了截然不同的命运。因此，一个人的心态往往会影响一个人的命运，要想时刻都过得愉快，就得让自己的心情永远都在你的掌控之中。

一个拥有阳光心态的人不是没有烦恼，而是善于排解烦恼，化消极心态为积极心态，尽可能保持乐观的心情。

【心灵感悟】

有一句俗语"拥有积极心态的人像太阳，照到哪里哪里亮；拥有消极心态的人像月亮，初一十五不一样"，这句俗语生动地表明了心态可以影响我们的生活。你拥有什么样的心情，世界就会向你呈现什么样的颜色。

要坚信，没有到达不了的彼岸

隐忍待机是想成功的人士经常使用的方法，因为没有一个人在刚开始的时候就有能力和别人抗衡。遵循着隐忍待机的规律，循序渐进，总有一天可以熬出机会。

等待是为了更好地把握机会

等待是一个美丽的坚持，只要在静默中默默坚持、默默付出，就一定能水起风生。

——斯蒂芬斯

寂寞，是心灵的产物。寂寞的人，即使身处闹市，依然会寂寞。这类人有一个共同特征，那就是都是善于等待的人。他们在旁人看来似乎很愚笨，傻傻地等待。可是聪明的人都知道，只有懂得守住必耐着在寂寞中前行，等待属于自己的那一刻，机会才能垂青自己。

因此，多数伟大人士都有善于等待、善于隐忍这一个特征。他们之所以能把平凡的事情做出不平凡，关键在于他们耐得住寂寞，在成功前善于隐忍待机，只有这样才能抓住成功的根。

克罗克原是一名没读完中学就出来打工的穷光蛋，为了维持生存，他找了一份推销员的工作。虽然每天辛苦忙碌，克罗克却在推销产品过程中结交了许多朋友，积累了大量有关经营管理方面的宝贵经验。

克罗克非常聪明，具备经济头脑，他通过市场调查发现当时美国的餐饮业已远远不能满足变化了的时代要求，需要改革。因此，他萌生了自己创办公司的想法。然而对于只是一名打工者的他来说，资金问题无疑是最头疼的事情，自己开办餐馆根本就不可能。

最后，他终于想出了一个好办法。他找到了在做推销时认识的开餐馆的麦克唐纳兄弟，他希望自己可以到他们的餐馆中学习，边做边等待时机，最后实现自己的理想。

克罗克对麦氏兄弟讲述了自己目前的窘境，他又主动提出在当店员期间兼做原来的推销工作，并把推销收入的5%让利给老板。麦氏兄弟见有利可图且又考虑到眼下店里确实人手不足，便十分爽快地答应了他的要求。

为取得老板的信任，克罗克工作异常努力，每天都是起早贪黑，任劳任怨。很多人都说克罗克太傻了，然而他的这种敬业态度却在潜移默化地改善着麦氏兄弟对自己的态度，他们越来越信任他。

见此情景，他也开始尝试着向麦氏兄弟提出一些宝贵的建议，比如：改善营业环境，以吸引更多的顾客；实行配制份饭、轻便包装、送饭上门等一系列经营方法，扩大业务范围；还建议在店堂里安装音响设备，使顾客更加舒适地用餐等。

克罗克这些建议果真是奏效的，店里的营业额逐渐在上升。麦氏兄弟俩认为克罗克处处替自己着想，同时感到双方利益一致，于是便自动消除了对他的猜忌，后来对他更是言听计从。

至此，餐馆名义上仍是麦氏兄弟的，但实际上餐馆的经营管理、决策权完全掌握在克罗克的手中。

经过一段时间的等待，在店里已经干了6个年头的克罗克终于觉得时机到了。他通过各种途径筹集到了一大笔贷款，然后跟麦氏兄弟摊牌。

双方经过激烈的讨价还价，最终克罗克以270万美元的现金买下麦氏餐馆，由他独自经营。

克罗克入主快餐馆后，经营、管理更加出色，很快就以崭新的面貌享誉全美。

克罗克用等待取得了机会，几年内的寂寞等待终于一步步向自己的成功逼近。

隐忍待机是想成功的人士经常使用的方法，因为没有一个人在刚开始的时候就有能力和别人抗衡。遵循着隐忍待机的规律，循序渐进，总有一天可以熬出机会。

【心灵感悟】

学会把梦想交给时间，在等待中寻找机会，相信熬过了冬天，又是一个美丽的季节。

从容淡泊，人生渐入佳境

一个人的自信心来自内心的淡定与坦然。

——于丹

《老子》第十五章说："浊而静之徐清，安以动之徐生。"什么是动之徐生的修道功夫呢？"从容"便是。世上许多人钻营、忙碌了一辈子，究竟为谁辛苦为谁忙？到头来自己都无法回答。其实，真正的动，是明明白白又充满意义的"动之徐生"。心平气和，才能生生不息。

人生是不可避免的"劳生"，但"劳生"更要"徐生"。如今的社会，每个人都奔波劳碌，疲于奔命，早已忘却了从容淡泊、轻松自如的人生滋味。青山不改，细水长流，"动之徐生"，"从容"便是。生命的原则若是合乎"动之徐生"的原则，便能够幸福而平安。

老僧的一位老友来拜访他，吃饭时，他只配一道咸菜。老友忍不住问他："这样不会太咸吗？"老僧回答道："咸有咸的味道。"吃完饭后，老僧倒了一杯白开水喝，老友又问："白水过于平淡了吧？没有茶叶吗？怎么喝这么平淡的白开水？"老僧笑着说："白水虽淡，可是淡也有淡的味道。"

漫漫人生路，需要品尝各种滋味。咸菜的咸与白水的淡就像人生中遇到的不同情境与事件，超越了咸与淡的分别，才能真正品味到咸的恰到好处与淡的至纯至真。正如一首歌中所唱的："曾经在幽幽暗暗反反复复中追问，才知道平平淡淡从从容容才是真。"

"徐生"是要人慢慢地生存，慢慢地欣赏沿途风景，不要风风火火，不要急急忙忙。

徐缓是一位成功人士，当他的同学还在为饭碗苦苦奋斗时，他拥有了属于自己的一片天地。这一切似乎并没有像有些人那样以牺牲健康和情趣为代价孜孜以求，而是在从容淡定中将一切尽收囊中。

有人欲探得其中奥秘，徐缓说，其实挺简单，换来这份从容的，也就是半小时。他刚参加工作时，和许多人一样，总觉得手头的事情做不完，业余爱好也丢了，人疲乏得要命，到头来还没落得个好结果。后来有一天，父亲对他说："你能不能试一试，每天早出门半个小时？"他看了父亲一眼，对父亲的话并不十分理解，但他还是决定试一试。从第二天起，他开始比正常时间早半个小时出门。当他走到公共汽车站时，发现等车的人不多，上了车，又发现有许多空位，比平时偏意多了。而且，由于还没到上班高峰期，路上的交通也不堵塞，很快就到达目的地。坐在车上时，他就把一天的工作理了个头绪。进入办公室后，同事们还没来，他在空旷的办公室里伸展一下手脚，然后听一段音乐。当同事们匆匆忙忙地打卡、手忙脚乱地开抽屉时，他的面前已放好了需整理的材料，并泡好了一杯热茶，接下来的工作是有条不紊的。

这里讲的或许是时间管理，半小时的短暂时间换来一天从容。其实，这是一种原理，兵荒马乱中永远都是一团乱麻，从容之中才能气定神闲，决胜千里。

许多人一世"劳生"，从来不知"徐生"的从容，其实他们陷入了人生的误区，无法自拔。禅语说，人生有三重境界：看山是山，看水是水；看山不是山，看水不是水；看山还是山，看水还是水。

看山是山，看水是水，是说一个人在涉世之初纯洁无瑕，目光所及之处一切都新鲜有趣，眼睛看见什么就是什么。

看山不是山，看水不是水，是因为随着年龄的渐长，阅历渐丰，日渐发现世事的繁杂，不再轻易相信什么，山不再是单纯的山，水也不再是单纯的水。如果一个人长期停留在人生的第二重境界，便会这山望着那山高，斤斤计较，与人攀比，欲望的沟壑越来越深，就在此境界中到达了人生的终点。这也就是为什么许多人在俗世中迷失了自己，在疲于奔命的路上终结了自己的一生。

看山还是山，看水还是水，第三重境界并非人人能达到，这是一种拨云见日的豁然开朗，是本性与自然的回归。心无旁骛，只做自己该做的，面对纷杂世俗之事，一笑而过，笑看世间风云变幻，只求从从容容、平平淡淡，因此，看到的又是山水的本来面貌。

确实，人生本来平淡，何苦以它作为调味剂？若得心中从容，白水滋味也香甜。

【心灵感悟】

在人生的路上，装一颗探求的心灵，携一份悠闲淡泊的神思，于静处看一看人间的百态，品一品世间的甜苦，闻一闻鸟语虫鸣，嗅一嗅芳草鲜花，不作高深的评论，只需用心去感触、去领悟，你就会发现人生的多彩。

抛却妄念，给心灵减负

当被欲望控制时，你是渺小的。

——詹姆斯·艾伦

由古至今，人类都很难摆脱欲望，同时在欲望的追逐中也不乏涌现出一些有明智之举的理性人物。史泰莱引用了罗马哲学家塞涅卡的一句名言来回答说，"最大的财富，是在于无欲。"还有一句话说"知份心自足，安顺常自安"，这其中的玄机，只能靠自己去参悟了。

当一个人抛却更多的妄念，耐得住自我，多珍惜自己已拥有东西的时候，他的幸福度会比较高。如果不安于现实，让欲望主宰自我，要求更多乃至无穷，最后终归得不偿失。因为人性总有一道底线，越过道德的边境，走入的必将是人生的禁区。有许多底线是不能碰触的，一旦越过，必会抱恨终生。

拉尔夫是一位国际著名的登山家，他曾经在没有携带氧气设备的情况下，成功地征服了多座高峰，这其中还包括了世界第二高峰——乔戈里峰。其实，许多登山高手都以不带氧气瓶而能登上乔戈里峰为第一目标。但是，几乎所有的登山好手来到海拔6500米处，就无法继续前进了，因为这里的空气变得非常稀薄，几乎令人感到窒息。因此，对登山者来说，想靠自己的体力和意志，独立征服8611米的乔戈里峰，确实是一项极为严峻的考验。

然而，拉尔夫却突破障碍做到了，他在事后举行的记者招待会上说出了这一段历险的过程。拉尔夫说，在突破海拔6500米的登山过程中，最大的障碍是心里各种翻腾的欲念。在攀爬的过程中，任何一个小小的杂念，都会让人松懈意念，转而渴望呼吸氧气，慢慢地让人失去冲劲与动力，而"缺氧"的念头也会开始产生，最终让人放弃征服的意志，不得不接受失败。

拉尔夫说："想要登上峰顶，首先，你必须学会清除杂念。脑子里杂念愈少，你的需氧量就愈少；你的欲念愈多，你对氧气的需求便会愈多。所以，在空气极度稀薄的情况下，想要登上顶峰，你就必须排除一切欲望和杂念！"排除一切欲望和杂念，保持身心安定、清净、祥和。身心清净，没有欲望和杂念的干扰，能量的消耗就会降到最低限度。

《庄子·内篇·德充符第五》讲到，"道与之貌，天与之形，无以好恶内伤其身"。庄子此句话的大意是，生命活着要顺其自然，要不增不减，抛却心中的妄情、妄念、妄想，保持一片清明境界，这才是上天指给我们的"道"。其实，我们的人生就像一场漫长的旅行，当行囊过于沉重时，就应该丢掉一些累赘的东西，只有适当地放弃才能让你轻松自在地面对生活。

一个带着过多包袱上路的人注定不会走得快。如果总是让生命承载起太多太多的负累，这个舍不得扔掉，那个舍不得放下，最终只会被压弯了腰。事实上，只有卸下身上的包袱才可能让我们轻松上路。

每个人都有欲望，欲望不在于杜绝而在于节制。如果对于欲望不懂得节制，那么欲望就像个无底洞，任万千金银也难以填满，人就会被欲望左右，过得不幸福甚至走上犯罪的道路。欲望是需要用"度"来控制的。对于真正享受生活的人来说，任何不需要的东西都是多余的。适当放下是一种洒脱，也是参透人性后的一种平和。背负太多的欲望，总是为金钱、名利奔波劳碌，整天忧心忡忡，又怎么能有快乐呢？只有抛却妄念，放下那些过于沉重的东西，才能得到彻底的放松。

其实，一个人真正所需的东西十分有限，许多附加的东西只是徒增无谓的负担而已，人们需要做的是从内心爱自己。曾有这样一个比喻："我们所累积的东西，就好像是阿米巴变形虫分裂的过程一样，不停地制造、繁殖，从不曾间断过。"而那些不断膨胀的物品、工作、责任、人际、家务占据了你全部的空间和时间。很多人整天忙着应对这些事情，早已喘不过气来，每天甚至连吃饭、喝水、睡觉的时间都没有，也没有足够的空间活着。

拼命用"加法"的结果，就把一个人逼到生活失调、精神濒临错乱的地步。这时候，就应该运用"减法"了！这就好像参加一趟旅行，当一个人带了太多的行李上路，在尚未到达目的地之前，就已经把自己弄得筋疲力尽。唯一可行的方法，是为自己减轻压力，就像扔掉多余的行李一样。

著名的心理大师荣格曾这样形容："一个人步入中年，就等于是走到'人生的下午'，这时既可以回顾过去，又可以展望未来。在下午的时候，就应该回头检查早上出发时所带的东西究竟还合不合用，有些东西是不是该丢弃了。道理很简单，因为我们不能照着上午的计划来过下午的人生。早晨美好的事物，到了傍晚可能显得微不足道；早晨的真理，到了傍晚可能已经变成谎言。"或许你已成功地走过早晨，但是，当你用同样的方式走到下午时，却发现生命变得不堪负荷，坎坷难行，这就是该丢东西的时候了。

春秋时，宋国有个人在山上开凿石料的时候发现了一块宝玉。他带回家后，总是担心宝玉会被盗走。考虑来考虑去，终于想出了一个两全其美的办法：他决定把宝玉赠送给一个有身份的人，这样多少还能留下些人情。

于是，他带了宝玉悄悄地前往都城，要献给掌管工程的大臣子罕。子罕不解地问："你把如此贵重的宝物送给我，大概是要我帮你办什么事吧？不过，我是从来不接受别人赠送的礼物的。"宋人忙说："我没什么事要您帮我办。据玉工鉴定，这块宝玉是稀有之物，所以我要献给您。"子罕再次拒绝说："我决不能收下这宝玉。如果我收下了，你没了宝玉，我也会因此而失去清廉的美名，你和我都丧失了宝。"

宋人听不懂子罕这话的意思，只是呆呆地望着他。子罕继续说道："我以不贪为宝，而你以玉为宝。你把玉给了我，当然丧失了宝，但我收下了你的玉，也就丧失了不贪这个宝。这样，双方都丧失了宝，我们还是各自保留自己的宝吧！"

子罕的一句"以不贪为宝"，不禁让人茅塞顿开。"究竟什么是宝"，这是个仁者见仁、智者见智的问题。冯友兰先生说："有许多事物，有些人视同瑰宝，有些人视同粪土。有些人求之不得，有些人，虽有人送他，他亦不要……事物虽同是此事物，但其对于各人的意义，则可有不同……我们可以说，'仁者见之谓之仁，智者见之谓之智。'"

对大多数人而言，宝玉无疑都是至为珍贵的"宝"，但对子罕而言，不贪才是他心中的"宝"。但想要永持此宝，谈何容易。有多少人能够在诱人的利益面前，始终秉持"不贪为宝"的心？

旁观者清，当局者迷。对于人性的弱点，每个人都有足够的了解，而一旦置身其中往往就不是那么一回事了。这不是"不识庐山真面目，只因身在此山中"，这也是人性的一种悲哀。人生中该收手时就要收手，切莫因妄念失去生命中最重要的人格。合理地放弃一些东西吧，因为只有这样我们才能得到更珍贵的东西。

【心灵感悟】

抛去心中的"妄念"，才能够使你于利不趋，于色不近，于失不馁，于得不骄，进入宁静致远的人生境界。

淡然的人才会把玩生活于掌心

我们每个人在内心深处都觉得，对于生命持一种无忧无虑的淡泊态度，将抵偿他自身的一切缺点。

——威廉·詹姆斯

淡泊是一种自由宁静的生活态度，是一种不沉迷于欲望和繁华的处世方式，是拥有一颗懂得知足和感恩的平常心。不管是花开花落，还是云卷云舒，都能闲庭信步、宠辱不惊，这是一种洒脱的人生，也是一种生活的修行。

我们总说"知足者常乐"，那么究竟怎样才算是真正的知足，又怎样才能做到常乐呢？古人的"布衣桑饭，可乐终生"是一种知足常乐的典范，而诸葛亮的"宁静致远，淡泊明志"更蕴含着他知足常乐的清高雅洁，陶渊明的"采菊东篱下，悠然见南山"也尽显知足常乐的悠然。知足是一种处世态度，常乐是一种释然的情怀。知足常乐，贵在调节。当我们忙于追求、拼搏而迷失方向的时候，要懂得知足常乐，因为快乐、幸福都是建立在知足的基础上的。只有真正做到知足，人生才会多一些从容、多一些达观、多一些快乐。

明朝有个人叫胡九韶，他家境很贫困，但为人很知足。他一面教书，一面努力耕作，即使这样他也只是刚刚衣食温饱而已。他有一个习惯，那就是每天黄昏时，在门口焚香，向天拜九拜，感谢上天赐给他一天的清福。

妻子见后便会笑他说："我们一天三餐都是菜粥，没有鱼肉，怎么谈得上是清福？"

胡九韶看着妻子说："我首先很庆幸生在太平盛世，没有战争兵祸，避免了流离失所；其次庆幸我们全家人都能有饭吃，有衣穿，冬天也不至于挨饿受冻；第三庆幸的是家里床上没有病人，人人都能下田耕种，在监狱中也没有囚犯，这不是清福是什么？"

当然，这里的知足并不是说不思进取，而是在自己的能力控制范围内循序渐进。只有实际地看问题，才有可能完成不可能的任务。老子说："祸莫大于不知足，咎莫大于欲得。故知足之足，常足矣。"这是说，祸患没有大过不知满足的，过失没有大过贪得无厌的，所以一个知道满足的人，会永远觉得快乐；一个不知道满足的人，会在欲望与失望之间痛苦不堪。

追求欲望便产生了痛苦，而欲望是无止境的。人总是不能满足，就总是有痛苦，所以说人往往"欲壑难填"。

我们应该懂得知足，在生活中保持一份淡然的心境，让想问题、做事情变得更加自然。这并不是削弱人的斗志和进取心，而是在知足的乐观和平静中做到淡泊以致远。

在前进的道路上，当我们取得一些成绩时，要能以知足的心态来面对，能够保持乐观的心态，以后在遇到困难的时候，就会泰然处之。只有知足常乐，才能在烦躁与喧嚣中过滤掉压抑与沉闷，让生活变得更加美好。

生活是纷繁复杂的，就像一望无际的大海，有风平浪静的安逸，也有惊涛骇浪的紧张，更有狂风暴雨的洗礼。人生在世，不如意之事十有八九。许多事情不会以我们的意志为转移，我们无法预料，也不能强求，所以要以一种平静淡泊的心态来面对生活中的种种波折。

淡泊非心如止水，而是一种超然物外的态度。在生活中，淡然地看待一切，不争名利得失，不煞费苦心地算计别人，也不因欲望的膨胀而利令智昏，不争宠于阿谀奉承之中，不心存嫉妒，不被困难压倒，让平静的心中有一股自然的荡气与豪气，顺不惊，逆不悲，在喧嚣的世界中，给自己找到一份心的超然。

淡泊是一种为人处世的最高境界，是一种积极的人生态度，是一种健康的生活方式，也是一种健康的人格心理。人人都求淡泊，却并非人人都能做到。星云大师告诉我们："平安就是福报，功德就是寿命，知足就是富贵，适情就是自在。"持有好的心情，人才能活得幸福。

人生在世，难免世事纷争。平添烦恼、劳身费神只苦了自己。人活着不可能没有烦恼，一出生我们就要面对错综复杂的人际关系和这样或那样的无奈与困扰。这些事压得人喘不过气来，累得人心力交瘁。我们何不摒弃攀比之心，选择一种自足自乐、知足常乐的生活方式？

"竹林七贤"远离仕途尘嚣，隐于山野，聚于竹林，鼓瑟弄琴，谈笑古今，自有一番风情。"采菊东篱下，悠悠见南山"又何尝不是仕途失意后看破世事、寄心山野的写照？这都是用一种淡然的人生态度来安享田园恬静生活的典型。

【心灵感悟】

淡泊是理性的成熟，也是最具体的满足；是积极的乐天知命，而非消极的听天由命；是人世的适情致性，而非出世的斩情灭性。莫嫌淡泊少滋味，淡泊之中滋味长。

拥有怎样的格局，就拥有怎样的成功

人生需要格局，拥有怎样的格局，就会拥有怎样的命运。

——朗费罗

大千世界，芸芸众生，不同的人有着不同的命运。能够左右命运的因素很多，而一个人的格局，是其中最为重要的因素之一。

很多大人物之所以能成功，是因为他们从自己还是小人物的时候就开始构筑人生的大格局。所谓大格局，就是拥有开放的心胸，可以容纳博大的理想，可以设立长远的目标，以发展的、战略的、全局的眼光看待问题。对一个人来说，格局有多大，人生就有多大。那些想成大业的人需要高瞻远瞩的视野和不计前嫌的胸怀，需要"活到老、学到老"的人生大格局。

古今中外，大凡成就伟业者，无一不是一开始就从大处着眼，从内心出发，一步步构筑他们辉煌的人生大厦的。霍英东先生就是其中一位。

香港著名爱国实业家、杰出的社会活动家、全国政协原副主席……这些是笼罩在霍英东先生头上的耀眼光环。透过这些光环，我们能清晰地看到一个有着人生大格局、生命大境界的大写的"人"字。

霍英东幼年时家境贫寒，7岁前"他连鞋子都没穿过"。他的第一份工作是在渡轮上当加煤工……贫寒成了霍英东人生起步的第一课。后来，他靠着母亲的一点儿积蓄开了一家杂货店。朝鲜战争爆发后，他看准时机经营航运业，在商界崭露头角。1954年，他创办了立信建筑置业公司，靠"先出售后建筑"的竞争要诀，成为国际知名的香港房地产业巨头、亿万富翁。他的经营领域从百货到建筑、航运、房地产、旅馆、酒楼、石油。

霍英东叱咤商界半个世纪，他懂得如何经商，但更懂得做人："做人，关键是问心无愧，要有本心，不要做伤天害理的事……"成为巨富后，霍英东从未忘记回报社会："……今天虽然事业薄有所成，也懂得财富是来自社会，也应该回报于社会。"他在内地投资、慷慨捐赠，却自谦为"一滴水"："我的捐款，就好比大海里的一滴水，作用是很小的，说不上是贡献，这只是我的一份心意！"只有拥有人生大格局的人，才能拥有这样博大的"一份心意"。

君子坦荡荡。霍英东上街，从不带保镖，他就像韩愈所说的"仰不愧天，俯不愧人，内不愧心"。他的内心，就是这般潇洒、坦荡、伟岸、超然。霍英东在晚年有一句话给人印象特别深刻："我敢说，我从来没有负过任何人！"这句话，他不假思索地脱口而出，一副满不在乎、轻描淡写的神情，既不带半点儿自傲与自负，也不显得那么气壮如牛。

是的，霍英东"从来没有负过任何人"，这是拥有人生大格局、生命大境界的人方能洒脱说出来的。

格局有多大，人生的天空就有多精彩。每一个想成功的人，都要拥有一个大格局，都要懂得掌控大局。如果把人生比做一盘棋，那么人生的结局就由这盘棋的格局决定。在人与人的对弈中，舍卒保车、飞象跳马……每一种棋招就如人生中的每一次拼搏。相同的将士象，相同的车马炮，结局却因为下棋者的布局各异而大不相同，输赢的关键就在于我们能否把握住棋局。

要想赢得人生这盘棋局，就应当站在统筹全局的高度，有先予后取的度量，有运筹帷幄之中而决胜千里之外的沉稳气势。棋局决定着棋势的走向，我们掌握了大格局，也就掌控了大局势。沉住气规划人生的格局，对各种资源进行合理分配，才可能更容易获得人生的成功，理想和现实才会靠得更近。人生每一阶段的格局，就如人生中的每一个台阶，只有一步一步地认真走好，才能够到达人生之塔的顶端。

【心灵感悟】

人应该扩大自己内心的格局，去构思更大、更美的蓝图，我们将会发现，在自己胸中，竟有如此浩瀚无垠的空间，竟可容下宇宙间永恒无尽的智慧。

练就一颗平和之心，不奢求绝对的公平

人生的境界，说到底，是心灵的境界。

——张泉灵

这个世界不是根据公平的原则而创造的，譬如，鸟吃虫子，对虫子来说是不公平的；蜘蛛吃苍蝇，对苍蝇来说是不公平的；豹吃狼、狼吃獾、獾吃鼠、鼠又吃……只要看看大自然就可以明白，这个世界并没有绝对的公平。

人类社会自然也遵循着这样的法则。比如现在的就业难问题，很多拥有高学历的大学生在找工作时还比不上低学历的技术人才有竞争力。参照他们的寒窗苦读所花费的财力和精力，这样的现状就是一种不公平。而能够及时摆脱"不公平心理阴影"的人才能更快地在职场上获益。

文云大学毕业后在一家小公司谋得了一份业务员的工作，她的上司都比她的学历低。其中一个心胸狭窄的上司老是找茬儿，对她颐指气使。好朋友听说了她的状况后很为她鸣不平。但文云并不计较，因为她懂得，一个人只有把自己的心灵回归到零，用一颗平常心学会忍耐，才能在这个社会上立足，才会取得事业的发展。面对刁钻的上司和无理取闹的客户，她时刻提醒自己：我是在学习，我要坚持。她咬紧牙关，忍受着各方面的压力，在一次次的挫折中总结经验，积攒力量。两年后，凭借着出色的业务能力和坚忍的态度，她成为该公司的业务经理。

当我们没有意识到或不承认生活并不公平时，我们往往怜悯他人，也怜悯自己，而怜悯自然是一种于事无补的失败主义的情绪，它只能令人感觉比现在更糟。我们不能改变世界的不公平，但我们可以改变自己的态度。面对生活中的种种不公正，关键就在于你能否以一颗平常心去面对。

承认不公平的一个好处便是能激励我们去尽己所能，而不再自我伤感。我们承认不平等的这一客观事实，并不意味着一切消极的开始。正因为我们接受了这个事实，我们才能放平心态，找到属于自己的人生定位。认清现实是第一步，接受现实是第二步，然后才有改变现实的可能。在这个过程中，抱怨与不满只会增加你获得成功的成本与时间。所以初上职场的人，要求什么也别要求公平。与其把时间与精力浪费在要求公平上，不如自我突破，通过你的努力变成制定规则的人。

平淡不是平凡，更不是躲进深山求一己之乐，真正的平淡，是在选定了人生道路后，向前跋涉的畅然而坚定的心情，因为你已不用为做出最后的抉择而苦恼，不用为看不到明天的朝阳而烦躁，你知道自己需要的是怎样的人生景色，也为看到这样的景色做好了全部的准备，这不是佛家看破红尘的自慰，也不是道家逍遥游的离世之心，而是对自己所要达到目标的确定，若你立场坚定、心态平和，便开出了人生的智慧，成就高低即在于此。

在果园的核桃树旁边长着一棵桃树，它的嫉妒心很重，一看到核桃树上挂满的果实，心里就觉得很不是滋味。"为什么核桃树结的果子要比我多呢？"桃树愤愤不平地抱怨着，"我有哪一点不如它呢？老天爷真是太不公平了！不行，明年我一定要和它比个高低，结出比它还要多的桃子！让它看看我的本事！"

"你不要无端嫉妒别人啦！"长在桃树附近的老李子树劝诫道，"难道你没有发现，核桃树有着多么粗壮的树干、多么坚韧的枝条吗？你也不动动脑想一想，如果你也结出那么多的果实，你那瘦弱的枝干能承受得了吗？我劝你还是安分守己，老老实实地过日子吧！"

自傲的桃树可听不进李子树的忠告，嫉妒心蒙住了它的耳朵和眼睛，不管多么有理的规劝，对它都起不到任何作用了。桃树命令它的树根尽力钻得深些、再深些，要紧紧地咬住大地，把土壤中能够汲取的营养和水分统统都吸收上来。它还命令树枝要使出全部的力气，拼命地开花，开得越多越好，而且要保证让所有的花朵都结出果实。

它的命令生效了，第二年花期一过，这棵桃树浑身上下密密麻麻地挂满了桃子。桃树高兴极了，它认为今年可以和核桃树好好比个高低了。

充盈的果汁使得桃子一天天加重了分量，渐渐地，桃树的树枝、树杈都被压弯了腰，连气都喘不过来了。它们纷纷向桃树发出请求，赶快抖掉一部分桃子，否则就要承受不住了。可是桃树不肯放弃即将到来的荣耀，它下令树枝与树杈要坚持住，不能半途而废。 这一天，不堪重负的桃树发出一阵哀鸣，紧接着就听到"咔嚓"一声，树干齐腰折断了。尚未完全成熟的桃子滚满了一地，在核桃树脚下渐渐地腐烂了。

桃树的教训在于不自量力，缺乏自知之明。桃树的教训是深刻的，它的诱因在于嫉妒，其根源在于缺少平淡之心。拥有平淡心，你也就拥有了人格魅力，也就能"任云卷云舒去留无意"。平淡心是颗宠辱不惊的心，它能够使你视金钱如粪土，视功名如过眼烟云。

不以物喜，不以己忧。工作本极平常，以平淡心视之，则利于敬业不衰，充分发挥自身潜力。要理性地对待生活的折磨和历练，不虚无，认真生活，做好当下每一件具体的事情。

一只蚂蚁满头大汗地爬行在通往山顶的路上，它要去看日出。为了实现这个愿望，这只蚂蚁已经在路上走走停停地爬行了半年多时间。对它来说，这已经是最快的速度了，但是蚂蚁还是不满足这个速度，它希望自己更快些，它一定要在有生之年完成看日出的心愿。

正在这只蚂蚁急匆匆地向前快速地爬行之际，一条蚯蚓来到了它的身边，这条蚯蚓看上去神情自若。蚂蚁问它："这么早，你出来是有什么急事吧？"

蚯蚓说道："是啊，我是有急事，我得到在中午之前挖一条三百米的通道。""可是我看你好像一点儿也不着急的样子。"蚂蚁疑惑地问道，随后说出了自己此行的目的。

蚯蚓听后，哈哈一笑，说道："你这样做，说不定心愿没达成，自己的生命却空空耗掉，到头来可能连欣赏到沿途风光的机会也没了，这不是得不偿失吗？其实太阳每天都会升起，又何必急于一时，把现在的事情做好就行了，今天爬一百米，明天爬一百米，把心思放下，充分享受每一天的爬行过程。你看我，虽然今天任务繁重，但其实我昨天已经挖完了一百米的通道。我这么早出来，其实是为了呼吸清晨的新鲜空气，你没闻到吗？"蚂蚁摇摇头。

牟宗三先生说过，君子行为端正，言行一致，立鲲鹏之志而不奢求，展宏图大业而稳健，是为大智。大智的人往往生活平淡，心安人静，却依然能做出大事情来，这是因为他们有自己独特的人生观，不媚俗，懂追求，不以世俗的观念影响自己的选择。牟先生由此指出，圣人以东为东，以西为西，就是把原本简单的看成简单，原本复杂的也做成简单。而世人之所以活得累，其根本就是在于将简单的事情想得复杂，做得复杂，从而自我设限，以至于平淡生活最终成了平庸生活。

有很多人在执著地追求平淡的生活，希望自己能享受心灵的宁静、田野的芬芳和生活的美好，但是他们往往习惯于像那只蚂蚁一样拼命向前爬行，流干了汗水，蹉跎了岁月，在毫无章法的空耗中错过了清晨的鸟语花香。人生若是被空空无用的奔波填满，又何来平淡可言？要真正做到平淡，除了在通往自身理想的路途中抛弃杂念，专注一处，更需要规划好自己的人生，掌控好每一次的步伐。平淡是一种自我的超越，是对自己有清醒认知的生活智慧，这种平淡是一种意境，更是一种生活方式。

宁静是一种心态，是生命盛开的鲜花。宁静在心，在于修身养性。宁静无处不在。只要有一颗宁静之心，高朋满座时，不会忘乎所以；曲终人散时，不会郁结于心。成功之时，不得意忘形；失败之时，不心灰意冷。保持一颗安静的心，不为纷繁的事务所扰，也许会胜过劳累的追逐。

【心灵感悟】

平淡心不是"看破红尘"，也不是消极遁世。平淡之心是一种境界，是一种积极的心态。以平淡心观周遭的一切事情，则没有值得让我们心焦的事。

忍耐是痛苦的，果实却是甜蜜的

忍耐之草是苦的，但最终会结出甘甜而柔软的果实。

——辛姆洛克

西班牙小说家、剧作家、诗人塞万提斯·萨维德拉曾经说过："忍耐是一帖利于所有痛苦的膏药。" 忍耐挫折，我们将会收获成功时需要的经验；忍耐压力，我们将会收获成功时需要的承受能力；忍耐平凡的岗位，我们将会收获成功时需要的踏实与认真；忍耐平庸，我们将会收获成功时需要的经验……

在人的一生中，总会遇到各种各样的不如意，可怕的是缺乏忍耐这些不如意的精神及个性。忍耐时虽然是痛苦的，可是收获的果实却是甜蜜的。我们的工作能力得到提高，我们的工作经验得到累积，我们的处世技巧得到提升……

人生是公平的，半途而废往往难以收获果实，只有多一份耐心与坚持，多一份尊重与体谅，坚持到最后才能收获。

名牌大学毕业的宋敏在一家事业单位工作。单位里要写很多材料，她毕竟刚来，公文写作还不很熟，于是每次写好后，她都要给同事老王看，待老王修改完，她再拿去请科长审阅。

很快，宋敏的材料越写越好，老王已经没有什么可以修改的了，可科长仍旧东涂西抹，不留情面。宋敏虽有些不悦，但没说什么，依然是很谦虚地请科长批改。老王愤愤不平，他认为科长的水平已修改不了宋敏的文章了。

他给宋敏讲过这样的故事：赫鲁晓夫观抽象画展，看不懂，就破口大骂。负责展览的艺术家回敬道，您对艺术根本不懂。赫鲁晓夫说出了他的那句名言，当我是一名矿工时，我不懂，当我是党的低级官员时，我不懂，但是，今天我是部长会议主席、党的领袖，因此，我现在当然懂。

老王揶揄道，他现在是科长，他当然能够修改科员的文章。宋敏只是笑，显得不介意。有时被逼急了，她也只是说，不就是改个材料吗，又不是修改我的人生。

由于宋敏的谦虚勤奋或许还有才能，科长把宋敏推荐给上级宣传部门，宋敏升职了。

一天，上级要求科里写一个大材料，初稿写完后，科长让人先送到宣传部门说是请上级把关，两天后，宋敏把材料修改好。这个材料得到了上级的好评。科长很满意，说宋敏还真行，我没有看错人。宋敏拿出饭来请大家吃饭，有人私下里对宋敏说，你应该让科长请你吃饭才对，那文章是你写得好。宋敏说，那怎么行，我会写材料是你们教的，我得感谢你们才对。

忍耐一切就能战胜一切。

忍，是一种韧性的战斗，是一种永不言败的战斗策略，是战胜人生危难和险恶的有力武器。忍，是医治磨难的良方。忍人一时之疑、一时之辱，一方面可脱离被动的局面，同时也是一种对意志、毅力的磨炼。

《菜根谭》中有一句话："处世时让人一步为高，退步就是进步的根本，待人宽一分是福，利人实是利己的根基。"忍住那些平庸、压力、困难等，实际上是帮助你自己成就大业。

人生中,不是所有的事情都能心如所愿,我们都小心翼翼地行走在职场中。残酷的现实有时需要我们低下头忍耐一下,这充满着无奈但更是一种智慧。

古希腊哲学家柏拉图告诉人们:"要是你无法避免,那你的职责就是忍受。如果你命运里注定需要忍受,那么说自己不能忍受就是犯傻。耐心是一切聪明才智的基础。"

控制力可以成就一个人,因为幸运之神总能给耐心的、控制自我并坚持到最后的人以意外的惊喜。

【心灵感悟】

忍住自己的私欲从而控制自己的行动是最大的控制力。多一份忍耐,多一份坚持,过程虽然痛苦,但收获的果实却是甜蜜的。

第九章 \\\\\\\\\\\\\\\\\\\\
不找借口，成为更好的自己

　　要成功，就要保持一颗积极、绝不轻易放弃的心，尽量发掘出周围人或事物最好的一面，从中寻求正面的看法，让自己能有向前走的力量。即使终究还是失败了，也能汲取教训，把失败视为向目标前进的踏脚石，而不要让借口成为我们成功路上的绊脚石。所以，千万不要找借口，把寻找借口的时间和精力用到努力工作中来，因为工作中没有借口，人生中没有借口，失败没有借口，成功属于那些不寻找借口的人。

对自己狠一点儿，才能更接近目标

> 因为犹豫不决，很多人使他们自己美好的想法陷于破灭。
>
> ——俞敏洪

有人说，人应对自己狠一点儿，因为"狠角色"才有福。因为"狠角色"知道在得失中做出选择，他们敢爱敢恨，敢作敢为，不为自己找借口。即使做出的选择要承担更多的痛苦，但是只要那是朝着自己的目标接近的，他们就会毫不犹豫，狠下心来去做，直到达成自己的目的。

有一个出身名校的大学生，毕业时考到一个让人们眼红的政府机关，干着一份惬意的工作。

好景不长，她开始陷入苦闷，原来她的工作虽轻松，但与所学专业毫无关系。她可是经济专业的高才生啊，在机关里并无用武之地。

她想辞职外出闯天下，却又留恋眼下这一份舒适的工作。外面的世界虽然很精彩，风险也大啊。无奈之下，她就将自己的困惑告诉了她最敬重的一位长者。长者一笑，给她讲了一个故事：

一个农民在山里打柴时，拾到一只样子怪怪的鸟。那只怪鸟和出生刚满月的小鸡一样大小，还不会飞，农民就把这只怪鸟带回家给小女儿玩耍。

调皮的小女儿玩够了，便将怪鸟放在小鸡群里充当小鸡，让母鸡养育着。

怪鸟长大后，人们发现它竟是一只鹰，他们担心鹰再长大一些会吃鸡。然而，那只鹰和鸡相处得很和睦，只是当鹰出于本能飞上天空再向地面俯冲时，鸡群会产生恐慌和骚乱。渐渐地，人们越来越不满，如果哪家丢了鸡，便会首先怀疑那只鹰——要知道鹰终归是鹰，生来是要吃鸡的。大家一致强烈要求：要么杀了那只鹰，要么将它放生，让它永远也别回来。因为和鹰有了感情，这一家人决定将鹰放生。

谁知，他们把鹰带到很远的地方放生，过不了几天那只鹰又飞回来了。他们驱赶它不让它进家门，甚至将它打得遍体鳞伤……然而，都无法成功。

后来村里的一位老人说："把鹰交给我吧，我会让它永远不再回来。"老人将鹰带到附近一个最陡峭的悬崖绝壁旁，然后将鹰狠狠向悬崖下的深涧扔去。那只鹰开始如石头般向下坠去，然而快要到涧底时它终于展开双翅托住了身体，开始缓缓滑翔，最后轻轻拍了拍翅膀，就飞向蔚蓝的天空。它越飞越舒展，越飞越高，越飞越远，渐渐变成了一个小黑点，飞出了人们的视野，再也没有回来。

听了长者的故事，年轻的女孩似有所悟。几天后，她辞去了公职外出打拼，终有所成。

面对安逸的工作环境，年轻的女孩没有多余的留恋，而是坚定地选择了自己的道路，这就是"狠角色"的作为。

世界上最可怜又最可恨的人，莫过于那些总是瞻前顾后、彷徨犹豫的人。任何莫名的踌躇、犹豫和毫无主见、优柔寡断，都将使你的才干和智慧受到莫大的损失。如果你有梦想，如果你想改变，一旦时机成熟，那么千万不要犹豫，该出手时就出手，果断地做决定，那么成功就会伴随而来。

有些人简直优柔寡断到无可救药的地步，他们不敢决定种种事情，不敢担负起应负的责任。之所以这样，是因为他们不知道事情的结果会怎样——究竟是好是坏，是凶是吉。他们常常担心今天对一件事情进行了决断，明天也许会有更好的事情发生，以致对今日的决断发生怀疑。许多优柔寡断的人，不敢相信他们自己能解决重要的事情。

犹豫不决、优柔寡断是人们成功的仇敌，在它还没有得到伤害你、破坏你的力量，限制你一生的机会之前，你就要即刻把这一敌人置于死地。不要再等待、再犹豫，绝不要等到明天，今天就应该开始。要逼迫自己训练一种遇事果断坚定的能力、遇事迅速决策的能力，对于任何事情切不要犹豫不决。

生活中，犹豫不决的人随处可见。人常常是软弱的，尤其是在面临选择的时候。如果眼前已经拥有了很好的条件，那么很多人都是不愿意舍弃的。所以，常常为了现时的条件所作用，而不能主控自己，选择自己最喜欢的事情去做。但是，"狠角色"跟其他人不一样，他们有自己的主见，并且不会被眼前的利益所迷惑。尽管所选择的道路上可能充满了荆棘，他们也会毅然决然地走下去。

【心灵感悟】

做人要"狠"才能主宰自己的命运，聪明的人，都应该勇敢地做一个"狠角色"。

打破依赖，做生活中的强者

人多不足以依赖，要生存只有靠自己。

——拿破仑

依据路径依赖理论，人们一旦做了某种选择，不管该选择是好是坏，都好比走上了一条不归之路，惯性的力量会使这一选择不断自我强化，且不会轻易让你走出去。要想打破路径依赖，我们就要学会独立自主，掌控自己的命运。

一个登山者，一心一意想登上世界第一高峰。

一切准备就绪，他开始了自己的登山之旅。但是，由于他希望完全由自己独得全部的荣耀，所以他决定独自出发。他开始向上攀爬的时候，时间已经有些晚了，然而，他非但没有停下来准备露营的帐篷，反而继续向上攀登，直到四周变得非常黑暗。山上的夜晚格外的黑暗，这位登山者什么都看不见。到处都是黑漆漆的一片，能见度为零，因为，月亮和星星被云层给遮住了。即使如此，这位登山者仍然继续不断地向上攀爬着。就在离山顶只剩下几米的地方，他滑倒了，并且迅速地跌了下去。

他下坠着，脑海中闪过的全是被地心引力吸住而快速下跌的恐怖感觉。在这极其恐怖的时刻，他的一生，不论好与坏，一幕幕地显现在他的脑海中。

当他一心一意地想着，此刻死亡正在如何快速地接近他的时候，突然间，他感到系在腰间的绳子，重重地拉住了他。他整个人被吊在半空中……而那根绳子是唯一拉住他的东西。

在这种上不着天、下不着地、求助无门的境况中，他一点儿办法也没有，只好大声呼叫："上帝啊！救救我！"

突然间，天上有个低沉的声音回答他："我是上帝。你要我做什么？"

"上帝！救救我！"

"你真的相信我可以救你吗？"

"我当然相信！"

"那就把系在你腰间的绳子割断。"

在短暂的沉默之后，登山者决定继续全力抓住那根救命的绳子。

第二天，搜救队找到了他的遗体，那已经冻得僵硬的尸体挂在一根绳子上。

他的手紧紧地抓着那根绳子——在距离地面仅仅1米的地方。

新生命的诞生是从剪断脐带开始的，人的一生中，受到的最大束缚就来自人对"绳子"的依赖性。

地理学中的"路径依赖理论"可以很好地解释这个问题。路径依赖是由1993年诺贝尔经济学奖的获得者诺思提出的，它的特定含义是经济生活中有一种惯性，类似物理学中的惯性，事物一旦进入某种路径，就可能对这个路径产生依赖。简单地说，就是一旦人们做了某种选择，就好比走上了一条不归之路，惯性的力量会使这一选择不断自我强化，并且不会轻易让你走出去。

一个有关历史的细节，或许可以让我们看清路径依赖的力量。这个细节，就是屁股决定铁轨的宽度。

欧洲铁路两条铁轨之间的标准距离是四英尺又八点五英寸，这个标准哪来的呢？

早期的铁路是由建电车的人所设计的，四英尺又八点五英寸正是电车所用的轮距标准。

那么，电车的标准又是从哪里来的呢？最先造电车的人以前是造马车的，所以电车的标准是沿用马车的轮距标准。马车又为什么要用这个轮距标准呢？英国马路辙迹的宽度是四英尺又八点五英寸，所以，如果马车用其他轮距，它的轮子很快会在英国的老路上撞坏。这些辙迹又是从何而来的呢？从古罗马人那里来的。因为整个欧洲，包括英国的长途老路都是由罗马人为它的军队所铺设的，而四英尺又八点五英寸正是罗马战车的宽度，任何其他轮宽的战车在这些路上行驶的话，轮子的寿命都不会很长。

罗马人为什么以四英尺又八点五英寸为战车的轮距宽度呢？原因很简单，这是牵引一辆战车的两匹马屁股的宽度。

故事到此还没有结束。美国航天飞机燃料箱的两旁有两个火箭推进器，因为这些推进器造好之后要用火车运送，路上又要通过一些隧道，而这些隧道的宽度只比火车轨道宽一点，因此火箭助推器的宽度是由铁轨的宽度所决定。所以，最后的结论是：路径依赖导致了美国航天飞机火箭助推器的宽度竟然在两千年前便由两匹马屁股的宽度决定了。

这才是真正的历史厚度。对个人而言，我们只有依靠自己才能打破路径依赖，获得自由。如果你依恋那根"绳子"，你至死也不会明白为什么自己会一事无成地离开这个世界。

但遗憾的是，生活中，很多人一旦有了拐杖，他们就不想自己走路；一旦有了依赖，他们就不想独立了。可是一个人不学会独立，又怎能在激烈的社会竞争中立足呢?

陶行知告诉我们:"淌自己的汗,吃自己的饭,自己的事自己干。靠天靠地靠祖宗,不算是好汉。"

要想成为生活中的强者,我们就要打破路径依赖,不要总是踩着别人的脚印走,不要总是听凭他人摆布,而是要勇敢地驾驭自己的命运,调控自己的情感,做自己的主宰,做命运的主人。

【心灵感悟】

只有摆脱了依赖,抛弃了拐杖,具有自信,能够自主的人,才能在竞争中取得成功,自立自强是走入社会的第一步,是进入成功之门的金钥匙。

苦难是最好的生活导师

苦难对我们，成了一种功课，一种教育，
你好好地利用了这苦难，就是聪明。

——三毛

美国前总统克林顿的童年很不幸。他出生前四个月，父亲死于一次车祸。他母亲因无力养家，只好把出生不久的他托付给自己的父母抚养。童年的克林顿受到外公和舅舅的深刻影响。他自己说，他从外公那里学会了忍耐和平等待人，从舅舅那里学到了说到做到的男子汉气概。他七岁时随母亲和继父迁往温泉城，不幸的是，双亲之间常因意见不合而发生激烈冲突。继父嗜酒成性，酒后经常虐待克林顿的母亲，小克林顿也经常遭其斥骂。这给从小就寄养在亲戚家的小克林顿的心灵蒙上了一层阴影。

坎坷的童年生活，使克林顿形成了尽力表现自己、争取别人喜欢的性格。

他在中学时代非常活跃，一直积极参与班级和学生会活动，并且有较强的组织和社会活动能力。他是学校合唱队的主要成员，而且被乐队指挥定为首席吹奏手。

1963 年夏，他在"中学模拟政府"的竞选中被选为参议员，应邀参观了首都华盛顿，这使他有机会看到了"真正的政治"。参观白宫时，他受到了肯尼迪总统的接见，不但同总统握了手，而且还和总统合影留念。

此次华盛顿之行是克林顿人生的转折点，使他的理想由当牧师、音乐家、记者或教师转向了从政，梦想成为肯尼迪第二。

有了目标和坚强的意志，克林顿此后 30 年的全部努力，都紧紧围绕这个目标。上大学时，他先读外交，后读法律——这些都是政治家必须具备的知识修养。离开学校后，他一步一个脚印：律师、议员、州长，最后达到了政治家的巅峰——总统。

许多成功人士在成功之前都遭遇了许多苦难。人都希望在一个平和顺利的环境中成长，但上帝并不喜爱安逸的人们，他要挑选出最杰出的人物，让这部分人历经磨难，千锤百炼终成金。一位大学者说过："苦难是一所学校，真理在里面总是变得强有力。"每一个渴望成功的人都需要到其中接受教育。历经风雨的洗礼，生命才能常驻常新。

不测是时时刻刻都存在的，学业的失意、疾病的折磨、自信的受损、亲人离去的悲痛……在踏上人生路途的时候就该明白前途的坎坷。要接受温润的春和赤烈的夏，就不得不接受清冷的秋和寒冽的冬，正像茶叶一样，我们要坦然面对沉浮，让生命散发芳香……

有人这样说："人生的棋局，只有到了死亡才会结束，只要生命还存在，就有挽回棋局的可能。"

生活拮据，日子难过，大部分人的生活都过得很辛苦。但是，在你埋怨苦日子折磨人的时候，不妨仔细想想，在这些难过的日子当中，你认真生活了几天？

地铁上，两个四十岁左右的女人在说话，一个说："这日子真的是没法过下去了，我真是再也受不了了，他居然跟我说要把房子卖了。你要想想，把房子卖了我们住到哪里去啊，没想到跟了他这么多年，现在居然落到这样的田地。"

另一个说："那不行啊，就算是把房子卖了，这样下去也是坐吃山空，还是要想办法让他出去工作才行。"

"谁说不是呢？！可是他要是肯听我的就好了。现在他什么朋友都没有，什么人也不愿意见，整天待在家里，孩子也怕他，随时都会发火，我都烦死了，这样的日子难过死了，死了倒还痛快了。"

"唉……"

原来这个家里的男主人，下岗了之后也找过几个工作，但做了一段时间都不成功。于是女主人对他越来越不满意，软的硬的都没什么用，接着家里开始硝烟弥漫，大吵小吵没有断过。

眼看着家里就女主人一个人上班以维持家用，她心里也着急，可是又不知道用什么方法来让老公重振旗鼓。男主人提出把房子卖了租房子住，于是又展开了新一轮的战争。

每个人的日子都不好过。美国教育哲学家乔治·桑塔亚纳说："人生既不是一幅美景，也不是一席盛宴，而是一场苦难。"不幸的是，当你来到这世界那一下，没有人奉送你一个生活指南，教你如何应付命运多舛的人生。

苦难是人生必须经历的一课，人人都要经历某种程度的压力和痛苦，而且难保不会遇上疾病、天灾、意外、死亡及其他不幸，谁都无法做到完全免疫。就算成功人士也承认这是个需要辛苦打拼的世界。精神分析学家荣格说：人类需要逆境，逆境是迈向身心健康的必要条件。他认为遭遇困境能帮助我们获得完整的人格与健全的心灵。的确，困境让我们更能经得起考验，培养我们遇事冷静、坦然的态度。

面对困境，美国作家诺瑞丝拥有一套轻松面对生活的法则：人生比你想象的好过，只要接受困难、量力而为、咬紧牙关就过去了。你跨出的每一步，都能助你完成学习之旅。面临生活考验时，耐力越高，通过的考验也越多。所以要放松心情，靠意志力和自信心冲破难关。

人生是一场学习的过程，接二连三的打击是最好的生活导师。享乐与顺境无法锻炼人格，逆境却可以。一旦征服了难关，遇到再糟的情况也不会惊慌。

【心灵感悟】

人生有甘也有苦，物质环境的优劣与生活困厄的程度毫无瓜葛，重要的是我们对环境采取何种反应。接受好花不常开的事实，日子会优哉许多。记住：人生苦多于乐，何必太在乎！

战胜自己才能胜利

信心是命运的主宰。

——海伦·凯勒

纵观流传于世的成功经验，你一定会看到"信心"两个字。信心就是希望，是热情，是相信自己有能力改变现状解决问题的前提。

信心，是成功之路的灯塔，它照亮了成功的通途，它是一个人的九州之下，与自然之力一样能化腐朽为神奇。一个人的信心不仅仅来自他人的肯定，更来自他的自身。信心是一个人对自我能力的肯定，是这个人对自我价值的认同。一个有自信的人，才能获得别人对他的认同和肯定，才能感染他人共同取得成功。

美国通用电气公司的前执行官杰克·韦尔奇被世人尊称为"全球第一CEO"，可谁能想到这个全球第一竟然是一位口吃症患者。韦尔奇小的时候就患有口吃症，他说话断断续续，口齿不清。身边的同学总是嘲笑他，然而他并没有因此自暴自弃，而是自信心满满地健康成长。

一个人的经历离不开他的家庭教育，韦尔奇的母亲在他很小的时候就想方设法培养他的自信。他的母亲时常对他说："你的口吃并不是因为你不如别人，而是因为你比别人都聪明。就是你太聪明了，所以没有人的舌头能跟得上你快速运转的大脑。"所以，从小到大，韦尔奇从没因为自己的口吃自卑。他发自内心地相信他母亲的话，口吃的毛病是因为他比别人更聪明。

在母亲的鼓励下，他克服了这个缺点，成为出类拔萃的商业精英，甚至还因此赢得了别人对他的敬意。就连美国全国广播公司新闻部总裁迈克尔也曾调侃道："如果我像杰克那么有效率，我恨不得自己也是个口吃。"当然，这只是个玩笑，不过却也说明了韦尔奇以自信赢得了别人对他的尊重。

除了口吃，韦尔奇在青少年时期还是个身材矮小的人。他自幼热爱运动，到了初中时，个子不高的他十分渴望能加入学校的篮球队。其他人知道了他的想法后，都觉得他是开玩笑，但是谁也没想到他竟然真的成功了。这一切要源自他母亲对他的鼓励，他的母亲在得知自己儿子的想法后，鼓励他说："你想做什么就尽情地去做，你一定会成功的。"听从母亲的话，小韦尔奇加紧训练，后来真的被选入了篮球队。直到他工作后，他翻看初中篮球队的合照时才发现，当时的自己竟然只有其他队员的四分之三那么高，而且还是全队最弱小的一个。

韦尔奇的经历印证了美国哈佛大学企业管理学教授罗莎白·默丝·坎特的一段话："我们所走的每一步都建立在信心的基础上，即我们是否信任自己和他人能够完成承诺的目标。信心决定了我们的步伐，一个人甚至一个集体的步伐。"韦尔奇的自信是他成为商业精英的原因之一。正因为他相信他能行，所以他才能成功。

一个人的人生是一个没有评价标准的奋斗过程，只要你充满自信地面对所遇到的挑战和挫折，就没有成败之说。只要你充满自信地度过每一天，做出每一次判断，你就是你人生的成功者。这个世上做任何事都不仅取决于你对这件事了解的程度和你个人的能力，更在于你是否自信能做好这件事。一旦你树立了必胜的信念，你就成功了一半，这样再遇到什么问题，都能够顺利解决。

马丁·路德·金说过："这个世界上，没有人能够使你倒下。如果你的自信心还站立的话。"既然如此，为什么不相信自己，继续努力奋斗？只要你有越挫越勇的精神，坚持不懈的意志，有必胜的信念和强大的自信，没有什么能成为你人生道路的拦路虎。

"我成功，因为我志在成功。"拿破仑的这句话不仅仅给予我们鼓舞，让我们有继续面对生活困境的勇气，更应该让我们意识到自信的重要、自己的重要。如果你相信你能成功，你就一定能成功，就像相信自己能移山，最终山为之所移动的愚公一样。除了你自己，再没有任何人能让你意志消沉，一事无成。

【心灵感悟】

一个人活着，他最大的敌人不是他的竞争对手，也不是与他做对的社会，而是他自身。只有战胜了自己，才能取得成功。

不为失败找借口，只为成功找方法

当你没有借口的那一刻，就是你成功的开始。

——丘吉尔

再妙的借口对于事情本身也没有丝毫的用处。许多人生中的失败，就是因为那些一直麻醉我们的借口。

一个漆黑、凉爽的夜晚，坦桑尼亚的马拉松选手艾克瓦里吃力地跑进了墨西哥市奥运体育场，他是最后一名抵达终点的选手。

这场比赛的优胜者早就领了奖杯，庆祝胜利的典礼也早已结束，因此艾克瓦里一个人孤零零地抵达体育场时，整个体育场已经几乎空无一人。艾克瓦里的双腿沾满血污，绑着绷带，他努力地绕完体育场一圈，跑到终点。在体育场的一个角落，享誉国际的纪录片制作人格林斯潘远远看着这一切。接着，在好奇心的驱使下，格林斯潘走了过去，问艾克瓦里为什么这么吃力地跑至终点。

这位来自坦桑尼亚的年轻人轻声地回答说："我的国家从两万多公里之外

送我来这里，不是叫我在这场比赛中起跑的，而是派我来完成这场比赛的。"

没有任何借口，没有任何抱怨，职责就是他一切行动的准则。

不找任何借口看似冷漠，缺乏人情味，但它却可以激发一个人最大的潜能。无论你是谁，在生命中，无须任何借口，失败了也罢，做错了也罢，再妙的借口对于事情本身也没有丝毫的用处。许多人生中的失败，就是因为那些一直麻醉着我们的借口。

"要成功，就不要给自己寻找借口"，不要抱怨外在的一些条件。当我们抱怨的时候，实际上是在为自己找借口，而找借口的唯一好处就是安慰自己：我做不到是有原因的。但这种安慰是致命的。它暗示自己：我克服不了这个客观条件造成的困难。在这种心理暗示的引导下，就不再去思考克服困难、完成任务的方法，哪怕是只要改变一下角度就可以轻易达到目的。

要成功，就要保持一颗积极、绝不轻易放弃的心，尽量发掘出周围人或事物最好的一面，从中寻求正面的看法，让自己能有向前走的力量。即使终究还是失败了，也能汲取教训，把失败视为向目标前进的踏脚石，而不要让借口成为我们成功路上的绊脚石。所以，千万不要找借口，把寻找借口的时间和精力用到努力工作中来，因为工作中没有借口，人生中没有借口，失败没有借口，成功属于那些不寻找借口的人。

不为失败找借口，只为成功找方法。最优秀的人，是最重视找方法的人。他们相信凡事都会有办法解决，而且是总有更好的方法。

作为华人首富，李嘉诚的名字可谓家喻户晓。他之所以能成为首富，也并非没有规律可循：从打工的时候起，他就是一个找方法解决问题的高手。

有一次，李嘉诚去推销一种塑料洒水器，连走了好几家都无人问津。一上午过去了，一点儿收获都没有，如果下午还是毫无进展，回去将无法向老板交代。

尽管推销得不顺利，他还是不停地给自己打气，精神抖擞地走进了另一栋办公楼。当他看到楼道上的灰尘很多时，突然灵机一动，没有直接去推销产品，而是去洗手间，往洒水器里装了一些水，将水洒在楼道里。十分神奇，经他这么一洒，原来很脏的楼道，一下变得干净起来。这一来，立即引起了主管办公楼的有关人士的兴趣，一下午，他就卖掉了十多台洒水器。在做推销员的整个过程中，李嘉诚都十分注重分析和总结。他将香港分成几片儿，对各片儿的人员结构进行分析，了解哪一片儿的潜在客户最多，便有的放矢地去跑，重点出击，这样一来，他获得的收益自然要比别人多。

纵观李嘉诚的奋斗历史，其实就是一个不断用方法来改变命运的历史。

只有积极找方法，才能更好地解决问题；只有积极找方法的人，才能更好地工作和生活，获得成功。

拿破仑·希尔说："思考能够拯救一个人的命运。"事实正是如此。有思考力的人才会有创新力，才能主动掌控自己的命运。懒惰、平庸的人往往不是不动手脚，而是不动脑子，这种坏习惯阻碍他们走向创新；相反，那些最终能成大事者基本都在此前养成了勤于思考的习惯，善于发现问题，积极进行创新，努力地寻求解决问题的方法，甚至让问题成为改变自己命运的机遇。

问题会激发我们的兴趣、情感与灵感，它激发我们去感知与记忆，去观察与实验，去注意与搜索，去思索与想象，去发明与创造。发明家保尔·麦克思德说："唯一愚蠢的问题是你不问问题。"正如苏格拉底所言：问题是接生源，它能帮助新思想诞生。问题是创新的起点，是创新的动力，是创新的导师，有了问题才会思考，有了思考才有解决问题的方法，有了行动方法我们才能进行创新。

人人都有思考的能力。思考力具有强大的力量，唯有思考，才能开发出智慧的潜能，才能打开才智的大门。

当你试着改变自己的思考方式，朝着成功的方向努力时，一切奇迹都有可能出现。从现在开始，让你的头脑刮起一阵"思考风暴"，用积极的思考和积极的行动去创新，你的生命将无比精彩。

【心灵感悟】

不为失败找借口，只为成功找方法。那么有一天，我们的生命会绽放出夺目的光彩。

没有机会是失败者的借口

> 借口比谎言更可怕，因为借口是设了防的谎言。
>
> ——拿破仑

"没有机会"永远是那些失败者的借口。当我们尝试着步入失败者的群体中对他们加以访问时，他们中的大多数人会告诉你他们之所以失败，是因为不能得到像别人一样的机会，没有人帮助他们，没有人提拔他们。他们还会对你叹息好的位置已经人满为患，高级的职位已被他人挤占，一切好机会都已被他人捷足先登。总之，他们是毫无机会了。

但有骨气的人却从不会为他们寻找这样的托词。他们从不怨天尤人。他们只知道尽自己所能迈步向前。他们更不会等待别人的援助，他们自助；他们不等待机会，而是自己创造机会。

亚历山大在打完一次胜仗后，有人问他，假使有机会，他想不想把下一个城邑攻占。"什么？"他怒吼起来，"即使没有机会，我也会创造机会！"世界上到处需要而恰恰缺少的，正是那些能够创造机会的人。

等待机会成为一种习惯，这真是一件危险的事。人的热心与精力，就是在这种等待中消失的。对于那些不肯努力而只会胡思乱想的人，机会是可望而不可及的。只有那些脚踏实地奋力前进的人，不肯轻易放过机会的人，才能看得见机会。

机会的降临往往是非常偶然的，机会就暗藏在你的日常行事之中。不管你从事哪一类工作，其中都有机会。

有一年，因为经济危机，不少工厂和商店纷纷倒闭，被迫贱价抛售自己堆积如山的存货，价钱低到1美元可以买到100双袜子。

那时，约翰·甘布士还是一家织制厂的纺织工人。他马上把自己积蓄的钱用于收购低价货物，人们见到他这股傻劲儿，纷纷嘲笑他是个蠢材。

约翰·甘布士却依然我行我素，收购各工厂和商店抛售的货物，并租了很大的货仓来贮货。他妻子为此十分担忧地劝他，不要购入这些别人廉价抛售的东西。因为他们历年积蓄下来的钱数量有限，而且是准备用作子女教养费的。如果此举血本无归，那么后果便不堪设想。

对于妻子忧心忡忡的劝告，甘布士笑过后又安慰她道：

"3个月以后，我们就可以靠这些廉价货物发大财了。"

过了十多天后，那些工厂即使贱价抛售也找不到买主了，他们便把所有存货用车运去烧掉，以此稳定市场上的物价。

他太太看到别人已经在焚烧货物，不由得焦急万分，便抱怨起甘布士。对于妻子的抱怨，甘布士仍不置一词，只是笑着等待。

不久之后，美国政府采取了紧急行动，稳定了市场上的物价，并且大力支持厂商复业。

这时，因为经济危机焚烧的货物过多，存货欠缺，物价开始飞涨。约翰·甘布士马上把自己库存的大量货物抛售出去。

这时，他妻子又劝告他暂时不忙把货物出售，因为物价还在一天一天地飞涨。

他平静地说："是抛售的时候了，再拖延一段时间，就会后悔莫及。"

果然，甘布士的存货刚刚售完，物价便跌了下来。他的妻子对他的远见钦佩不已。

甘布士用这笔赚来的钱开设了5家百货商店，生意也十分兴隆。

后来，甘布士成了全美举足轻重的商业巨子。

伟大的成就和业绩永远属于那些富有奋斗精神的人，而不是那些一味等待机会的人。应该牢记，良好的机会完全在于自己的创造。如果以为个人发展的机会在别的地方，在别人身上，那么大多会遭到失败。机会其实包含在每个人的人格之中，正如未来的橡树包含在橡树的果实里一样。世界上最需要的，正是那些能够制造机遇的人。

时机虽是超乎人类能力的大自然的力量，但人在机遇面前，不都是被动的、消极的。许多成就大事的人，更多的时候是积极地、主动地争取机会，"创造"机会。

培根指出："智者所创造的机会，要比他所能找到的多。只是消极等待机会，这是一种侥幸的心理。正如樱树那样，虽在静静地等待着春天的到来，而它却无时无刻不在蓄精养锐。"人在待机之时，不仅不能放松蓄锐养神的积累功夫，而且要时时窥测方位，审时度势、见缝插针，以寻求有利于自身发展的机会。

当一个人计划周详，考虑缜密，在多种有利因素的配合下，时机常常会来到他的身边。一个强者，总能创造出契机，常常与机会结缘，并能借助机遇的双翼，搏击于事业的长空。

【心灵感悟】

创造机会需要一种韧劲、磨劲，需要耐心。当你确定奋斗的方向，有坚定的信念，并时时刻刻准备"接纳"机遇时，就有可能得到机遇女神的青睐。

不推卸责任，做自己该做的事

自由的第一个意义就是担负自己的责任。

——阿来

大部分人会有这样的惯性：在遇到问题时总是先摘去自己的因素，总喜欢把原因归结为客观限制。为自己找各种借口，把责任推卸给别人，比如：要不是某种原因，我早就成功了。事实上阻碍了你成功的，从来不是客观原因，是你自己。

当遇到问题时，不先去解决问题，总是先为自己找借口，找各种原因，这样的人又如何能在将来做成大事？成大事者，必是会承担责任的人。

公元前211年，刘邦以沛县亭长送徒到骊山，沿途徒多逃亡，刘邦不是追杀那些逃亡者以保全自己，而是带大家到丰西泽中，让大家停下来一起喝酒。到了夜里，刘邦就解开所送徒的锁链让他们逃走并且说："公等皆去，吾亦从此逝矣！"徒中壮士愿从者十余人，于是刘邦就带着这十余个壮士逃往邙砀山中。

按秦律，误了日期都要斩首，更何况是故意放走所有的徒？刘邦放走了那些无辜被征的徒却把杀头抄家的危险留给自己，这是何等的仁义、勇敢、无私之举！

这样敢于承担责任，敢为天下先的人，才能坐拥天下，成为一朝之主。若总是蝇营狗苟，重小利而轻大义，惧怕承担责任而弃他人的性命，又何来沛公的仁义之说，更何来汉朝几百年的基业。

任何人的成功都不是偶然的，都是与他们的优秀的品质分不开的。任何一个成就大事业的人，何曾逃避过、推卸过责任，为自己找过借口？他们甚至主动去承担天下的责任。有这样的胸襟，才会有这样广阔的作为空间，才会有那么多能人助其成功。

许多人都不愿意承担责任，尤其是一些公司里的员工。在工作的过程中，他们假装不知道有责任和任务的存在，当事情中途出现了糟糕的局面后，便推说自己并不知道有关的任务或责任，以此来逃避，或者推卸自己应该承担的责任。

李明达是一家家具销售公司的部门经理。有一次，他在公司里偷偷获取到一个情报：公司高层决定安排他们部门的人员到外地去处理一项难缠的业务。他知道这件事非常棘手，要想处理妥善并不是那么容易的，所以，他提前一天请假。第二天，上司安排任务，恰好他不在，上司便直接把任务交代给他的助手，让他的助手转达。当他的助手打他的手机，向他汇报这件事情时，他便在电话中给他的助手安排了工作，以自己有病为借口，让他顶替自己带一帮人去处理这件事。处理这件事的具体操作办法，他在电话中也教给了这位助手。

半个月后，事情办砸了，他怕公司高层追究这件事的责任，便以自己请假为由，声称自己不知道这件事情的具体情况，一切都是助手自作主张的。按他的想法，助手是总裁安排到自己身边的人，出了事，让他顶着，在公司高层面前还有一个回旋的余地，假若让自己来承担这件事的责任，恐怕有被降职罚薪的情况发生。总裁听了他的助手的具体阐述，对这位经理的人品产生了怀疑，害怕他把这种手段当做惯伎，影响公司的团结和业务发展，所以再也没有给过他任何富有挑战性的工作。

一个逃避困难、不敢面对挑战的人，很难让人相信他会真正为企业担当什么责任。作为企业的领导，有谁敢赋予他更大的使命呢？作为职场上的一员，拿着薪水，就要把工作当成自己的事业。在做事的时候，也应该站在公司的立场上为公司的稳定和发展而谋划考虑。假若一碰到棘手问题，便筹划对策，考虑逃避责任的方法，以此来回避责任，这样做只会为自己的事业发展埋下"祸根"。

也许逃避一次责任会让你窃喜，可是，只有当发现此后责任再也不会在你面前出现的时候你才会明白，那些承担过责任的人有了更丰富的经验，有了更好的职务，甚至老板都和他称兄道弟。而你自己呢？除了一般的日常工作，没有人和你深入交流，你孤单了，因为没有人觉得和你在一起有什么必要，有你和没有你有什么区别呢？反正关键的时候你总是为自己找借口，一推了之。

也许你在遇到困难或者做错了事情时依然会逃避责任。逃避责任是行动上的事实，但是你的内心一定不会同意你这样做。也许你心里说我要负责，可是行动起来却两腿发软。如果是这样，首先要恭喜你，你是一个心智正常的人。你所需要的就是迈出扎实的第一步！一旦迈出这一步，你就能够成为强者。

【心灵感悟】

不找借口，不推卸责任，永远保持敢于承担责任的态度，做自己该做的事。敢于正视自己的心，用一颗平善的心去面对自己的生活，让自己活在现实中，才能积极应对生活。

人生最大的享受是磨砺

在追求成功的道路上，很多人天赋异禀，但因为没有毅力，很难到达胜利的终点；而那些资质平平的人，却可以凭借恒心，点滴积累，看到成功之日。正所谓：十年磨一剑，功夫全在磨。愿意坚持的人笑到最后，耐跑的马脱颖而出。

2006年，一本名叫《明朝那些事儿》的历史小说声名鹊起，受到千万读者的热烈追捧。小说的作者"当年明月"文笔才气横溢，嬉笑怒骂皆成文章。殊不知，在现实生活中，"当年明月"却是一个毫不起眼、有点儿木讷内向的小伙子。

"当年明月"本名石悦，1979年出生在一个平凡的家庭。他性格内向，成绩中等，没有任何特长，从小到大，一直被身边的人视为资质平庸、将来不可能有多大出息的男孩。石悦唯一有点儿与众不同的东西，就是对历史的痴迷。小时候，别的男孩子都喜欢变形金刚、武侠小说，石悦却对《上下五千年》等历史故事书籍情有独钟，百看不厌。进入大学，许多同学忙着谈恋爱、沉溺于各种网络游戏，石悦仍然将自己的课余时间全都交给了史书。

大学毕业后，石悦考取了公务员。工作之余，石悦不抽烟不喝酒、不打麻将不泡吧，也不爱交朋友，他依旧躲进史书中与各朝各代的历史人物交友为伴。石悦成了众人眼中的另类，甚至大家觉得他有点儿孤僻。

直到有一天，一本名叫《明朝那些事儿》的历史小说在天涯论坛、新浪网站风起云涌，很多出版商赶到石悦的单位争相要和他签订出版合约时，同事们才知道，这个平时毫不起眼儿、有点儿木讷内向的小伙子就是目前网络中大名鼎鼎的当红作者"当年明月"。

后来，有媒体记者向石悦讨取成功经验时，他调侃地说道："比我有才华的人，没有我努力；比我努力的人，没有我有才华；既比我有才华，又比我努力的人，没有我能熬！"

石悦的成功确实是熬出来的，正因为他十年如一日地耐得住寂寞，迷恋于历史，才会换来今天的辉煌成就。石悦从忍受煎熬到享受煎熬的过程，完成了一个成大事者历经磨砺，进而蜕变腾飞的华美转身。

人生本身就是一种修炼的过程，那些成功的人之所以能成功，并不是他们有与生俱来的天分，而是因为他们有志气，更重要的是能够调整自己的心态，在沉稳中磨炼身心。

所谓"磨"，就是要磨炼心性，磨炼聚精会神做一件事的过程和态度。无论何时，遇到怎样的困难，成功者都能为了实现某种目标而不断"磨"炼，他们具备超凡的忍耐力，总能坦然面对生活中的各种磨难，爆发时才能撑得起未来的辉煌。

【心灵感悟】

成功来自坚持，功夫全在磨。"磨"不是怯懦地忍耐，而是为了实现某种目标而采取的手段。

人生要耐得住寂寞，扛得住诱惑

　　每个成功的人或者企业就像浮在湖面的鸭子，大家能看到的就是浮在水面上的漂亮身段，具体水下脚掌到底是如何用力划水的，都是无从知晓的，成功前的寂寞忍耐与坚守是他们必经的阶段。要知道，有坚守，奇迹才能出现。

有坚守，才能有奇迹

成大事不在于力量的大小，而在于能坚持多久。

——贝蒂

　　学者梁实秋曾断断续续用 30 余年的时间独自完成了《莎士比亚全集》的翻译工作，投入了几乎半生的精力。开始，梁实秋计划由 5 个人担任翻译，他联手闻一多、徐志摩、陈西滢、叶公超，打算用 5 到 10 年完成。后来，另外四人退出，梁实秋便一个人把任务承担了下来。人生的遭遇是难以预料的，他在抗战爆发前完成了 8 部莎翁剧作的翻译工作。"七七事变"后，为了躲避日寇的通缉，他不得不逃离北京，在极其艰苦的环境下，继续进行对莎翁剧作的翻译。抗战胜利后，梁实秋回到北京，在北京师范大学任教，课余之暇，他依然坚持做翻译工作。

　　1967 年，由梁实秋独立翻译的莎士比亚 37 种作品的中文译本全部出齐，在国内大学界引起了轰动。梁实秋回忆说："我翻译莎氏，没有什么报酬可言，长年累月，其间也很少得到鼓励……"梁实秋的成功，得益于他对这一工作的执著精神，得益于他一心一意的投入。任何事情都需要投入，要想成就大事就更是要锲而不舍地投入。

坚守是"语不惊人死不休"的豪情，是"为伊消得人憔悴"的投入，是"十年磨一剑"的等待。所以，荀子在《劝学》中说："锲而舍之，朽木不折；锲而不舍，金石可镂。"古今成大事者，大抵都具有这份长时间坚守的精神。

懂得坚守，才能帮助我们挖掘出深藏在自身内部的无穷力量。让我们铭记爱因斯坦的名言：真正有价值的东西不是出自雄心壮志或单纯的责任感，而是出自对人和对客观事物的热爱与专心。

周鸿祎，从艰苦创业3721成功到任雅虎中国总裁，而后做天使投资人，到任奇虎董事长，他一路走来，可以说是阅人无数，阅团队无数。这样的经历使他既能站在投资人角度看创业者，又能站在创业者角度想投资人，听过他的言论之后会让人很有收获。

他说：女人生第一个孩子要用10个月的时间，难道生第二个的时候只用3个月就可以了吗？创业如同生孩子一样，都需要时间，每次创业皆是如此，没有那么轻松的创业历程。创业要有"耐得住寂寞，禁得起诱惑"的良好心态才行。

寂寞是一种坚守，一种成功前的坚守；只有耐得住寂寞，才有时间和精力去刻苦钻研，认真陶冶。少了物质的羁绊，少了心灵的枷锁，而多了一份做事情的执著和投入，就会更加纯粹地奋斗。

每个成功的人或者企业就像浮在湖面的鸭子，大家能看到的就是浮在水面上的漂亮身段，具体水下脚掌到底是如何用力划水的，都是无从知晓的，成功前的寂寞忍耐与坚守是他们必经的阶段。要知道，有坚守，奇迹才能出现。

在现实中"耐得住寂寞"的做法常常会被人嗤之以鼻，因为偷工减料者常能一夜暴富，而照章办事者却往往"数十年如一日"般"要死不活"。尽管如此，微软、索尼、奔驰、IBM、可口可乐这些世界级品牌却总是"很傻""很单纯"，因为它们从来不会偷工减料，从来不会弄虚作假，从来不会在错误面前百般抵赖，他们也从来不盲目进入自己不熟悉的领域，因为它们"耐得住寂寞"。

寂寞不是踯躅街头的惆怅，也不是徘徊巷尾的颓废，更不是借酒消愁的沉沦；寂寞不是百无聊赖，无所事事的闲话、散淡与停滞，更不是真正的孤独或寂灭，而是一种不乱凑热闹、不乱追风潮的生存方式。只有学会了坚守，才能深味寂寞的真谛；只有在寂寞的时候回首，才能看见那歪斜却实在的脚印；只有在寂寞的时候细细品味，才能冷静地思索。耐得住寂寞，多了一份坚守，壮丽的人生奇迹才会出现。

【心灵感悟】

有坚守，才能有奇迹。成大事，需要"八风吹不动，独坐紫金台"的冷静与执著。在平淡中坚守是一种高尚的信念，一种强烈的追求，一种坚忍的持守力和意志力。

明天的希望，在于今天的默默付出

> 只有务实，一步一步夯实成功的基石，才能有"滴水穿石"的惊人结果。
>
> ——于丹

有这样一道题：给你一张报纸，然后重复这样的动作：对折，再对折，不停地对折下去。当你把这张报纸对折了51次的时候，你猜所达到的厚度有多少？一个冰箱？两层楼？你能肯定这是你所能想象的最大厚度吗？但是在计算机的模拟演算下，得到一个惊人的结果，这个厚度接近于地球到太阳之间的距离！

就是这样简简单单的动作，却制造了一个惊人的结果。为什么看似毫无分别的重复，会出现这样的奇迹呢？换句话说，这种貌似"意外"的成功，根基何在？

秋千所荡到的高度与每一次加力是分不开的，明天的任何一点儿希望都是在于今天的默默付出。默默付出的时候就是成功走在路上的时候。虽然默默付出看似是不聪明的做法，却依然要一丝不苟地去做。

王涛，东风汽车有限公司商用车总装配厂高级技师，获得过"全国劳动模范"、"湖北省劳动模范"、"全国十大杰出工人"、"全国职工职业道德十佳标兵"等荣誉称号，2002年荣获全国机械行业突出贡献技师，还曾多次荣获东风公司劳动模范称号。

王涛的父亲是中国第一汽车制造厂的工人，高中毕业后的王涛子承父业，也进入第一汽车制造厂当了一名工人。上班第一天，父亲给他上的第一课就是："做人要做得堂堂正正，当工人就得好好干活！"20多年来，王涛一直不忘父亲的教诲，不管在什么岗位上，都能做到干一行爱一行，兢兢业业地做好自己的工作。

早在1992年的时候，有一次，厂里有296台八平柴新车因调整工序滞后而到不了用户的手中，王涛对此心急如焚。调整工序是汽车生产的最后一道工序，由几万个大大小小的零部件装配在一起的整车，都需要由调整工最后把关。从某种角度上讲，汽车调整工就是新车的"接生婆"。厂里要求用3天时间将这批新车排除故障，让其顺利"诞生"。面对这道不可更改的命令，王涛带着全班工友在冷如冰窖的简易工棚里连续作战，三天三夜没合眼。经过王涛等人艰苦的奋战，任务总算如期完成了。

王涛所在的岗位需要露天作业，所以每逢下雨下雪，工作环境就会变得异常艰苦。1987年冬天，为了赶任务，他连续两天在雪地里调车，脉管炎从此在他身上落下了病根。脉管炎在医学上被称为"损伤性血管植物性神经麻痹"，素有"二号癌症"之称，轻则截肢残疾，重则致人死亡。每年入秋，身患此疾的王涛就疼痛难忍，有时疼得连路都不能走。就是在这样的情况下，他也没有因此耽误过一天工作。每次有紧急任务，他总是干在前、抢在先。从1984年开始当调整工近20年来，王涛累计义务加班献工达5000多个小时，相当于无偿为厂里多干了800多个工作日。34年来，他累计参与装调的东风车达16万辆以上，没出现过一次质量责任事故，被称为享誉汽车界的"调整大王"。

只有高中文化水平的他，写出了《东风八平柴基本结构及调整》《东风八平柴常见故障排除》《东风三吨轻型车调整和常见故障的排除》《东风重型车调试技术 300 问》《东风商用车电器系统 365 答疑》《东风天龙调试技术图解》《东风天锦电路电气与故障排除图解》共 7 本计 80 多万字的汽车调整技术专业书籍，完成了 30 多项技术革新，创造了"王涛操作法"。

"明天的希望，在于今天的默默付出。"这是成功者不断勉励自己的至理名言。要想成大事就要不断地对自己说这些话，不厌其烦地提醒自己。

只有学会在成功前默默地付出，才可以为你的成功奠定基础，让你从芸芸众生中脱颖而出。只要你能全身心地投入到自己的工作中，即使是一个能力一般的人，也可以取得令人瞩目的成绩。在成功到来之前默默地努力永远是取得骄人业绩的前提。

在法国有一个叫希瓦勒的普通邮递员，每天奔走在各个村庄之间，为人们传送着邮件。

一天，希瓦勒在山路上不小心摔倒了，不经意发现脚下有一块奇特的石头。看着看着，他有些爱不释手，最后他把那块石头放进了邮包。

村民们看到他的邮包里还有一块沉重的石头，都感到很奇怪。

他取出那块石头晃了晃，得意地说："你们有谁见过这样美丽的石头？"

人们摇了摇头："这里到处都是这样的石头，你一辈子都捡不完的。"可是，他并没有因为大家的不理解而放弃自己的想法，反而想用这些奇特的石头建一座奇特的城堡。

此后，希瓦勒开始了另外一种全新的生活。白天，他一边送信一边捡这些奇形怪状的石头；到了晚上，他就琢磨用这些石头来建城堡的问题。

所有的人都觉得他疯了，这根本就是不可能的事。

20 多年以后，在希瓦勒的住处出现了一座错落有致的城堡，可在当地人的眼里，他是在干一些如同小孩建筑沙堡一样的游戏。

20 世纪初，一位记者路过这里发现了这座城堡，这里的风景和城堡的建造格局令他慨叹不已，为此写了一篇文章。文章刊出后，邮差希瓦勒和他的城堡就成为人们关注的焦点，甚至艺术大师毕加索也专程拜访。

今天，这个城堡已成为法国最著名的风景旅游点。

据说，那块当年被希瓦勒捡起的石头，被立在入口处，上面刻着一句话："我想知道一块有了愿望的石头能走多远。"

一个人有梦想、有热情固然重要，然而实现梦想的过程却是艰难的。只有对生活充满期待并肯为之默默付出努力的人，才能将自己的理想化为现实。

美国有一位哲人曾经说过："很难说世上有什么做不了的事，因为昨天的梦想可以是今天的希望，还可以是明天的现实。"

如果我们能够在人生的轨道上学会为我们的梦想默默付出，终有一天你会收获幸福的果实。

【心灵感悟】

或许你只比别人多了一点点执著、多了一点点自信、多了一点点耐心，正是这些一点点，才成就了明天的美好希望。

能挺住，危机就是转机

危机是一把双刃剑，它能刺伤你，也能成就你，关键看你的态度和行动。

——约翰逊

仔细分析"危机"一词的组合，我们发现：危险中往往蕴藏着新的机会，关键在于我们是否有一颗耐得住寂寞的心。危机时候若能挺住，不放弃，善思考，往往能变"危机"为"良机"。

在英国麦克斯亚州的法庭上，曾发生过这么有趣的一幕：一位中年妇女声泪俱下，面对法官，严词指责丈夫有了外遇，要求和丈夫离婚。她对法官控诉了自己的丈夫，指责他不论白天还是黑夜，都要去运动场与那"第三者"见面。法官问道："你丈夫的'第三者'是谁？"她大声地回答："'第三者'就是臭名远扬、家喻户晓的足球。"

面对这种情况，法官啼笑皆非，不知如何是好，只得劝这位中年妇女说："足球不是人，你要告也只能去控告生产足球的厂家。"不料，这位中年妇女果真向法院控告了一家年产 20 万个足球的足球厂。

更让人意想不到的却是这家被人控告到法庭上的足球厂的反应。他们在接到法院的传票后，不怒反喜，竟十分爽快地出庭，并主动提出愿意出资 10 万英镑作为这位中年妇女的孤独赔偿费。这位太太破涕为笑，在法庭上大获全胜。

由于英国是现代足球的发源地，国人对足球的酷爱几乎达到了发狂的地步。这场因足球而引起的官司自然在全英国产生了巨大的轰动效应，新闻媒体纷纷出动，做了大量的报道。头脑精明的经理，敏锐地利用了一次偶然事件（甚至原本是一件非常糟糕的事情）大做文章，没花一分钱的广告费，却让他和他的足球厂名声大振、闻名遐迩。

这位足球厂经理在接受记者采访时说："这位太太与其丈夫闹离婚，正说明我们厂生产的足球魅力之大，并且她的控词为我厂做了一次绝妙的广告。"后来，这家足球厂的产品销量直线上升，获利颇丰。

塞翁失马，焉知非福。危机的背后，有头脑者能找到被那些寻常目光忽略的良机。如果你知道怎样利用它的话，危机就是你最大的盟友，你就可以通过危机走向胜利。假如你希望利用危机，你得知道自己想要什么，必须有目标，准备冒险去获得。如果你能在危机刚开始，别人还处在困惑或混乱的状况下就果断行动，那么你就能占得先机。

危机当前，你是掉头逃走，还是耐得住恐惧，留下来开动大脑，将苦柠檬榨成甘甜的柠檬汁？

有一位住在佛罗里达州的快乐农夫，当他买下那片农场的时候，他觉得非常颓丧。那块地既不能种水果，也不能养猪，能生长的只有白杨树及响尾蛇。然而他想到了一个好主意，要把他所拥有的变做一种资产——他要利用那些响尾蛇。他的做法使每一个人都很吃惊，因为他在做响尾蛇肉罐头。

几年后，每年来参观他的响尾蛇农场的游客差不多有两万人。

他的生意做得非常大。由他养的响尾蛇所取出来的蛇毒，被送到各大药厂去做蛇毒的血清；响尾蛇皮以很高的价钱卖出去做女人的鞋子和皮包；装着响尾蛇肉的罐头送到世界各地的顾客手里。为了纪念这位利用不利因素创业的农夫，这个村子后来改名为佛州响尾蛇村。

身处不利的环境，这位农夫竟把一个毒柠檬做成了一杯有营养的柠檬水。

在危机的困惑中，有些人常会作出无法挽回的决定——承认失败、辞掉工作。但是在这样混乱的时候，最好是保持开放式的选择。

人在遭遇危机时，为摆脱危机会绞尽脑汁。一般情况下，人们只使用着全部能力的3%，而绞尽脑汁地思谋对策，会调动出平时未使用的97%的潜能。因此，越是在大危机的情况下，人们越会产生出其不意、克敌制胜的高招。

如果你能改变你的思考方式，就会发现将自己逼入死胡同的危机或挫折，正是发挥一个人潜能的绝佳机会。拥有逆境思维的人会把危机变为机遇，并且获得比以前任何时期都巨大的成功。

【心灵感悟】

任何危机都蕴藏着新的机会，这是一条颠扑不破的人生真理。能否有效地利用危机，让危机激发出有利的一面，是成功的一大关键。

幸运总喜欢盯着坚守原则的人

原则是我的信条而不是我的权术。

——迪斯累利

"谋事在人，成事在天。"这句古训说明运气的作用。我们每个人都渴望成功，但并不是我们每个人都能取得成功。这其中除了努力程度不同之外，还有 个重要的因素——运气。但是运气也总是垂青有原则的人。

二战期间，有一个女孩子流亡海外，无依无靠。幸运的是，她能讲一口流利的英语和法语。所以，她被英国特工组织看中，加入了英国的特工小组。

然而她并不适合特工工作，因为她性情急躁。所有的同事都认为，她做间谍无疑是为敌国送上一座秘密的宝矿。果然，几乎所有的训练过程都对她没有用处。

一次，组织上让她拿一份敌国驻军图送给地下交通员。她到了接头地点后，怎么也想不起接头暗号，情急之下，她索性把地图展开，对着来来往往的人群进行试探："你对这张地图感兴趣吗？"幸运的是，她很快遇上了两位地下交通员，他们扮作精神病人，迅速地掩盖了这个可怕而致命的错误。

不仅如此，她认为越是繁华的地段越是安全。于是，她自作主张，把秘密电台搬到了巴黎的闹市区，可她不知道，盖世太保的总部就在离她一街之远的地方。终于在一天夜里，盖世太保把这个胆大妄为、正在发报的间谍逮捕了。

英国特工组织后悔不已，如果这个天真的姑娘在盖世太保的刑具下毫无保留地说出一切，那么对在法国的特工组织将是一个重创。出乎意料的是，盖世太保用尽了种种残酷的刑罚，都无法撬开她的嘴。

二战结束后，英国政府追授她乔治勋章和帝国勋章。

这样一个不称职的间谍，居然获得了英国政府的最高奖赏。对此，官方的解释是：对敌国而言，梦寐以求的是间谍的背叛，这等于无形的巨大宝藏。但这个很笨的女孩儿，至今都没有吐露一个字。一个人需要技巧和智慧，但最不能缺少的，是原则和信念。这就是一个间谍最本位、最出色的地方，所以我们从没怀疑她是一位优秀的间谍。

她的名字叫努尔，曾是一位印度王族的娇贵女儿。

原则是一个人做人的底线，无论遇到何种刁难与困境，有些原则必须坚守。因为，你一旦放弃原则，就不再是你，甚至会导致自己全线崩溃。

美国前总统乔治·布什是个原则性很强的人，他坚持"一就是一，二就是二"的原则。他认为空军1号就是空军1号，空军2号就是空军2号。"只有总统才能在南草坪上着陆。"

1981年春，当时身为副总统的布什坐着"空军2号"前往外地公务旅行时，突然接到国务卿黑格从华盛顿打来的电话："出事了，请你尽快返回华盛顿。"几分钟后，一封密电告知总统里根已中弹，正在华盛顿大学医院的手术室接受紧急抢救。于是飞机掉头飞向首都华盛顿。

飞机在安德鲁斯着陆前45分钟，布什的空军副官约翰·马西尼中校来到前舱，为结束整个行程做准备。飞机缓缓下降时，马西尼突然想出了个主意，他说："如果按常规在安德鲁斯降落，再换乘海军陆战队的直升机，飞抵副总统住所附近的停机坪着陆，再驾车驶往白宫，要浪费许多宝贵时间。不如直接飞往白宫。"

布什考虑了一下，决定放弃这个紧急到达的计划，仍按常规行事。

"我们到达时，市区交通正处高峰时期，"马西尼提醒道，"街道上的交通很拥挤，坐车到白宫要多花10—15分钟的时间"。

"也许是这样，但是我们必须这样做。"

马西尼点点头；"是的，先生。"说着走向舱门。

看到马西尼中校显得疑惑不解，布什解释道："约翰中校，只有总统才能在南草坪上着陆。"布什坚持着这条原则：美国只能有一个总统，副总统不是总统。

布什认为：总统与副总统之间建立在相互信任基础上的相互尊重，是成就一个成功的副总统的最重要的条件。

无论是生活还是工作当中，在关键的时候一个人是否能够坚持，常常是判断他的道德水准的重要依据。只有那些愿意坚持原则的人，才能赢得他人的信任和支持。

我们做事讲究原则，做人也要讲究原则。一个人如果没有原则，所谓见异思迁，经常变来变去，则朋友不愿与你共处，同侪不愿与你共事。尤其居上位的人，如果没有原则，朝令夕改，则百姓无所适从；师长如果没有原则，是非不明，则令学生无所依循；父母如果没有原则，赏罚不分，则令儿女无以学习。

原则，是代表一个人的信用；原则，是代表一个人的人格；原则，是代表一个人的道德。做人要坚持原则，这是非常要紧的。

【心灵感悟】

原则之所以如此重要，是因为有原则的人可以抵制生活中各种诱惑的羁绊，从而赢得幸运的垂青。

踏实于现在，才能少一些叹息

> 一个人假如不脚踏实地去做，那么所希望的一切就会落空。
>
> ——摩路瓦

时间的过去、现在和未来是互相交错不可分割的，所以说过去就是未来，未来也就是过去，现在就是过去以及未来。但是我们很容易发现，在现实世界中，时间自然而然的流逝总让我们忽视了对生命的思索。不要被时间蒙骗，以为过去的已经过去，未来的一定会来，现在的永远不变。在时间的脉络中，我们唯一能够把握的就是现在，所以，不要牵挂过去，不要担心未来，便能与过去和未来同在。

艾森豪威尔是美国历史上一位受人尊敬的总统。在他年少的时候，曾经有一次和家里人一起玩纸牌游戏。几局下来，他抓的牌都不好，于是他就很不高兴。他的母亲看到这种情形，就认真地告诉他，不管你手中的牌如何，都只能用现在手里的牌继续玩下去。之后，母亲又语重心长地告诉他人生的哲理，人生同玩牌一样，不管有什么样的人生际遇都要接受现状，然后再竭尽全力争取最好的结果。

母亲的一席话对他产生了很大的触动。此后，艾森豪威尔从没有对生活抱怨过，而是脚踏实地地做好当下的事情。即使身处逆境，也不怨天尤人，而是以积极乐观的人生态度去把握当前的局面。他也经历了人生的飞跃，从一个出身平民家庭的孩子，到中校、盟军统帅，最后成为美国的第 34 任总统。

有人请教大龙禅师："有形的东西一定会消失，世上有永恒不变的真理吗？"大龙禅师回答："山花开似锦，涧水湛如蓝。"如锦缎般盛开的鲜花，虽然转眼便会凋谢，但依然不停地迸放绽开；碧玉般的溪水，虽然映照着同样蔚蓝如洗的天空，却每时每秒都在发生变化。世界是美丽的，但似乎所有的美丽都会转瞬而逝。生命的意义在于过程，抓住瞬间消失的美丽，就是一种收获。时间像是一支弦上的箭，它是单向的，不能回头，所以我们要把握住现在、今朝，认真过好当下的每一分钟。

一位中年人，人到中年，总觉得自己人生不顺，非常想找一位卦师占卜，想要知道自己的后半辈子际遇如何。他的一位哲学家朋友拦住了他，说："过去的已经过去，无法改变，而以后的事情又离你还很遥远。你为什么不抓住现在的时间做点儿事，而一定要去知道虚无缥缈的未来呢？"

中年人听完之后，恍然大悟，说："我明白我之所以前半生无所作为的原因了。因为我过去要么沉浸在往事的回忆上，要么就是凭空想象自己今后的人生，唯独没有把握住当下的时间去好好工作。"

人生如白驹过隙。即使擦肩而过的一些人或事远离我们的时候，想要去挽留、去弥补都是不现实的。我们能够把握的只有当下而已。如果再不捕捉当下的幸福，时间也会匆匆而过的。所以，要学会把握住当下，以后就能少一些叹息。

有个落魄的中年人每隔三两天就到教堂祈祷，而且他的祷告词每次都相同。

第一次他到教堂时，跪在圣坛前，虔诚地低语："上帝啊，请念在我多年来敬畏您的份上，让我中一次彩票吧，阿门！"

几天后，他又垂头丧气地回到教堂，同样跪着祈祷："上帝啊，为何不让我中彩票？我愿意更谦卑地来服侍您，求您让我中一次彩票吧，阿门！"

又过了几天，他再次出现在教堂，同样重复他的祈祷。如此周而复始、不间断地祈求着。到了最后一次，他跪着："我的上帝，为何您不垂听我的祈求？让我中彩票吧！只要一次，让我解决所有困难，我愿终身奉献，专心侍奉您……"

就在这时，圣坛上空发出了一阵宏伟庄严的声音："我当然听到了你的祷告。可是——最起码，你也该先去买一张彩票吧！"

这个人只在口头上祈求上帝保佑自己中大奖，实际上却没买一张彩票。敢问，这种行为怎么可能会中奖？难怪连万能的上帝也感到无奈，不得已发出"至少买一张彩票"的感慨。

事实上，在现实生活中类似那个"买彩票者"的人似乎不少。这些人都存有虚幻的心理，希冀不必劳动或稍微劳动就可以得到丰硕的回报。他们表现为志大才疏，对自己的才能和潜力不能作出明智的判断，更懒于实践，对自己要求过高，生活目标极不现实。

千里之行，始于足下。人生的真谛在于脚踏实地去做。有道是"天上不会掉馅饼"，只有脚踏实地，你才能用勤劳的双手换得丰硕的果实，从而满足生活的基本需要；只有脚踏实地，你才能展现出思想的勃勃生机，从而领略社会原本的多姿多彩；只有脚踏实地，你才能感受人生的五味，从而尽情体验自然所赋予生命的固有本义……反之，你若仅是"动口不动手"或只有想法没有行动，那么生命中所有的色彩都会与你无缘。你的生命只会在重复中度过，而生命的真实对你来说却永远都是水中月、镜中花！

脚踏实地有可能成功，也有可能失败，而不能脚踏实地却百分之百是失败。因为只有努力去做，辛勤地付出劳动和汗水，你才能不断提高自身驰骋疆场驾驭时空的能力；只有积极地去做，激情满怀地面对人生，你才能在生命的运动中寻找契机；只有坚持不懈地去做，充满信心地迎接生命中的风风雨雨，你才能从挫折和失败中汲取力量，从而在人生的道路上披荆斩棘，最终摘取成功之花。

【心灵感悟】

一分耕耘就有一分收获。只要从"脚踏实地"开始，就能体验生命的价值，展现生命的风采；只要以"脚踏实地"为本，勤奋的人就会变为天才，人生就会耀出辉煌。

////////////// 第十一章
舍弃，是为了更好的获得

在物欲横流的今天，需要你作出很多选择，而更多的则是放弃。与其说是抉择得当，不如说是放弃得好。人生苦短，要想获得越多，就得放弃越多。那些什么都不放弃的人，是不可能有多少获得的，其结果必然是对自身生命的最大放弃，让自己的一生永远处在碌碌无为之中。

珍惜应该珍惜的，放弃应该放弃的

今天的放弃，是为了明天的得到。

——马可尼

人生是一个选择的过程，只有放弃了不适合我们的，才能够选择我们想要的。这个世界给了我们选择的权利，我们应该庆幸。它让我们充满了渴望与梦想，让我们永远对明天充满希望，既然我们选择了，就应该去珍惜、去努力。

在著名的滑铁卢大战中，由于大雨，道路泥泞，使炮兵移动不便，但拿破仑不甘心放弃最拿手的炮兵。而如果推迟时间，对方增援部队有可能先于自己的援军赶到，那样后果将不堪设想。然而，在踌躇之间，几个小时过去了，对方援军赶到。结果，战场形势迅速扭转，拿破仑遭到了惨痛的失败。

拿破仑的失败足以证明：在人生紧要处，在决定前途和命运的关键时刻，我们不能犹豫不决，徘徊彷徨，而必须明于决断，敢于放弃。

同样，在人生的战场上，我们必须善于放弃。因为你不可能什么都得到，所以你应该学会放弃。生活有时会逼迫你，不得不交出权力，不得不放走机遇，甚至不得不抛下爱情。但是，放弃并不意味着失去，因为只有放弃才会有另一种获得。

懂得放弃和珍惜的人，比一般人更能感觉到生活的乐趣和人生的幸福。

不要怕选择错误，因为错误常常是正确的先导，它会教我们逐渐学会放弃。

在生活中，我们必须学会放弃，学会可以为了一棵树而放弃整个森林，这也许便是另一种珍惜。未来是不可知的，而对眼前的这一切，我还来得及把握，我还可以在无限中珍惜这些有限的事物！

放弃，是一种睿智，是一种豁达，它不盲目，不狭隘。放弃，对心境是一种宽松，对心灵是一种滋润，它驱散了乌云，它清扫了心房。有了它，人生才能有爽朗坦然的心境；有了它，生活才会阳光灿烂。

在物欲横流的今天，既需要你做出选择，而更多的则是放弃。与其说是抉择得当，不如说是放弃得好。人生苦短，要想获得越多，就得放弃越多。那些什么都不放弃的人，是不可能有多少获得的。其结果必然是对自身生命的最大放弃，让自己的一生永远处在碌碌无为之中。

你之所以举步维艰，是你背负太重；你之所以背负太重，是你还不会放弃。功名利禄常常微笑着置人于死地。放弃了烦恼，你便与快乐结缘；放弃了利益，你便步入超然的境地；如果你能连放弃都放弃了，那你便更伟大了，你已与圣人无异。

学会放弃吧，放弃失恋带来的痛楚，放弃屈辱留下的仇恨，放弃心中所有难言的负荷，放弃浪费精力的争吵，放弃没完没了的解释，放弃对权力的角逐，放弃对金钱的贪欲，放弃对虚名的争夺……凡是次要的、枝节的、多余的、该放弃的，都应放弃。

【心灵感悟】

一个人倘若将一生的所得都背负在身，那么纵使他有一副钢筋铁骨，也会被压倒在地。放弃是为了更好地调整自我，准备良好的心态向目标靠近。

在人生的关键问题上明确"舍得"

> 人之一生，总有可惜的事情，总有放弃的东西。
> 不会放弃，就会变得极端贪婪。
>
> ——杜拉斯

当我们面临选择时，必须学会放弃。放弃，并不意味着失败。像下围棋一样，放弃局部，是为了获得大盘。但如果想兼得"鱼和熊掌"，恐怕到头来会是一场空。

在人生紧要处，在决定前途和命运的关键时刻，我们不能犹豫不决、徘徊彷徨，而必须明于决断，敢于放弃。

曾经有这样一个故事：

父亲给孩子带来一则消息，某一知名跨国公司正在招聘计算机网络员，录用后薪水自然是丰厚的，而且这家公司很有发展潜力，近些年新推出的产品在市场上十分走俏。孩子当然是很想应聘的，可他的职校培训已近尾声了，这要真的给聘用了，一年的培训就算夭折了，连张结业证书都拿不上。孩子犹豫了。

父亲笑了，说要和孩子做个游戏。他把刚买的两个大西瓜放在孩子面前，让他先抱起一个，然后，要他再抱起另一个。孩子瞪圆了眼，一筹莫展。抱一个已经够沉的了，两个是没法抱住的。

"那你怎么把第二个抱住呢？"父亲追问。

孩子愣神了，还是想不出招来。

父亲叹了口气："哎，你不能把手上的那个放下来吗？"

孩子似乎缓过神来，是呀，放下一个，不就能抱上另一个了吗！

孩子这么做了。父亲于是提醒：这两个总得放弃一个，才能获得另一个，就看你自己怎么选择了。孩子顿悟，最终选择了应聘，放弃了培训。后来，他如愿以偿地成了那家跨国公司的职员。

机会稍纵即逝，如果这个孩子在机会面前犹豫不决、难以抉择，就会贻误时机，功亏一篑。所幸他在父亲的指导下顿悟，及时抓住了机遇。在人生的关键问题上，每做出一个选择，就意味着舍与得。如果你什么都不舍弃，什么都想要，那又何来心想事成、梦想成真呢？舍弃是为了更好的选择、更好的生活，在人生的一些关键问题上，我们要明确地"舍得"，这种舍弃并不是低头或失败，而是为了更好的选择，更好的生活。

由美国励志演讲者杰克·坎菲尔和马克·汉森合作推出的《心灵鸡汤》系列读本，这些年来被翻译成数十种语言，感动、激励了无数的人。可是谁能想到在开始写作之前，马克·汉森经营的却是建筑业呢？

原来，马克在建筑业经营彻底失败，自己也破产之后，果断地选择了放弃，选择了彻底退出建筑业，并忘记有关这一行的一切知识和经历，甚至包括他的老师——著名建筑师布克敏斯特·富勒。他决定去一个截然不同的领域创业。

他很快就发现自己对公众演说有独到的领悟和热情，而这是个最容易赚钱的职业。一段时间之后，他成为一个具有感召力的一流演讲师。后来，他的著作《心灵鸡汤》和《心灵鸡汤2》双双登上《纽约时报》的畅销书排行榜，并停留数月之久。

马克在不断的选择之中找到了自己真正的航向。如果当初他不及时地进行选择的话，或许就不会有这个被大众熟知的马克了。我们每个人也一样，在人生的历练中需要找到适合自己的位置，进行理智的选择。

人生的获得和丧失，很多都无法由我们自己来左右。有些时候，坚持未必就是好事，或许舍弃才是洒脱，是智者面对生活的明智选择。做一件自己做不到的事情，是对生命的一种浪费，所以有些时候，面对人生的重要关口，我们要明于选择，舍得放弃。

【心灵感悟】

只有学会舍弃，才能卸下人生的种种包袱，轻装上阵，度过人生的风风雨雨。

学会放弃，有舍才有得

> 要想有永远的掌声，就得放弃眼前的虚荣。
>
> ——海森堡

世间有太多美好的东西，它们就像具有魔力一般，总是散发着让人难以抗拒的诱惑。全部得到是不现实的，所以，学会放弃未尝不是一件坏事。舍得，以"舍"为"得"，播种是舍，收成是得，不舍怎么能得呢？

"人生就是一个选择的过程。人生的盒子里永远有很多糖果，打开一颗和全部打开的结果肯定是不一样的。"人生路上的取与舍是一门不简单的艺术，面对取舍，我们要沉下心来，明白一点：放弃就是获得。什么也不愿放弃的人，反而会失去最珍贵的东西。

哲人说，不为贫困潦倒而苦恼，也不为富贵荣华而欣喜。面对灯红酒绿、锦衣玉食的诱惑，很多时候，人们总是太容易左顾右盼而丢了自己，被贪婪侵蚀了心灵，不知满足，不懂舍弃，最后竹篮打水一场空。

有一位乞丐，每次路过高档酒店的时候都要驻足张望一番，看到里面的人坐在富丽堂皇的屋子里吃着美味的食物，他艳羡不已，感叹道："为什么上天这么不公平，要是我能住在这样气派的房子里，吃上这样好的饭菜，我就知足了。"

有一次，他刚想到这，命运之神就出现在他面前，"我是命运之神，现在我打算帮助你，我要将金子装进你的袋子里，但是有一个条件，你不能让金子掉在地上，如果掉在地上就会变成一堆垃圾，你什么也得不到，能做到吗？""当然能。"乞丐盯着袋子满眼放光，迫不及待地让命运之神往里装金子，很快，袋子就重了。命运之神提醒他："你的袋子是个旧袋子，放多了容易破的，一定要有限度。""还差得远呢！"乞丐一边用力抖袋子一边嚷着"再装点儿，还能多装点儿。"话还没说完，袋子"啪"的一下撑破了，所有的金子一下子滚落到地上，变成了一堆垃圾，命运之神也摇摇头，然后消失了。

乞丐无法抗拒金子对他的诱惑，贪婪让他想要得到更多，而最终一无所获。美好的东西太多太多，欲望是无休止的，如果装不下、背不动，就要懂得及时放弃。知足才能常乐，学会放弃，学会舍得，精彩的人生就会慢慢向你走来。

当你失去了繁华的灯红酒绿，就意味着获得了无染的蓝天白云；当你得到了名人的声誉和巨额财富，就意味着失去了做普通人的自由权利。在人生的漫漫长路中，要舍弃不恰当的自我定位，要忘却不属于自己的东西。准确的自我定位会让你的生活风轻云淡、舒适清爽，自己心之所向才是最重要的。

"既自以心为形役，奚惆怅而独悲。"这是陶渊明《归去来兮辞》中的句子，意思是，既然自愿心志被形体所役使，又为什么惆怅而独自伤悲？这是陶渊明为官时期不得不为生计之故而委身世俗，然而却心有不甘的呐喊。

一次，有人告诉他，上级派人检查工作，应当"束带见之"。就如同今天的人要穿正装，扎上领带，等待领导接见。陶渊明实在不能忍受为五斗米向乡里小儿折腰，于是，留下配印，自己回家了。陶渊明乐归故里，宛如获得了新生。

陶渊明是一个能够不被富足的生活蛊惑，又能在贫贱中保持着做人尊严的人。面对自己的仕途，他毫不犹豫地选择了放弃，换来的是悠然自得的乡间生活。人的一生就是如此，舍与得无处不在，无时不有，得中有舍，舍中有得，在舍得之间，可以劳累你的身心，也可以精彩你的人生。

【心灵感悟】

当你紧握双手，里面什么也没有；当你打开双手，世界就在你手中。人世间就是这么奇妙，得之淡然，失之坦然。拥有海阔天空的人生境界，才是真正的智者。

要有计划地抛弃阻碍发展的因素

人生最难的不是如何去拥有而是该怎样学会放弃，这不一定是结束，新的开始将来临。

——笛卡尔

《荒漠甘泉》中说："我们一生最得意的纪念，最宝贵的经历，最可夸的生理，最有效的侍奉，常会被后来的软弱、失败、跌倒、灰心、冷淡、退缩等吞噬。许多成大事业的人，往往结局都是如此。想起来也觉得可怕。虽然是事实，但并非无法避免。戈登说：要避免这种悲剧，只有一个稳妥的方法，那就是时时与神有新鲜的接触。"

有宗教信仰的人，会把希望寄托于神。可是不管是有神论者或无神论者，都可能会遇到这样的难题，就是曾经的记忆禁锢了自己的思想，以前积累的经验没有帮助我们进步，反而限制我们朝更好的方向发展。

古希腊的一位哲人在风烛残年之际，就想考验和点化一下他那位平时看来很不错的助手。他把助手叫到床前，说："我的蜡所剩不多了，得找另一根蜡接着点下去，你明白我的意思吗？"

"明白，"那位助手赶忙说，"您的思想光辉是得很好地传承下去……"

"可是，"哲人慢悠悠地说，"我需要一位最优秀的传承者，他不但要有相当的智慧，还必须有充分的信心和非凡的勇气……你帮我寻找一位好吗？"

"我一定竭尽全力。"

哲人笑了笑。

那位忠诚而勤奋的助手，不辞辛劳地通过各种渠道开始四处寻找了。可他领来一位又一位，都被哲人一一婉言谢绝。一次，当那位助手再次无功而返时，病入膏肓的哲人硬撑着坐起来，说："真是辛苦你了，不过，你找来的那些人，其实都不如……"

"我一定加倍努力，"助手恳切地说，"找遍五湖四海，也要把最优秀的人选挖掘出来。"哲人笑笑，不再说话。

半年之后，哲人眼看就要告别人世，最优秀的人选还是没有眉目。助手非常惭愧："我真对不起您，令您失望了！"

"失望的是我，对不起的却是你自己，"哲人很失意地闭上眼睛，停顿了许久，才又不无哀怨地说，"本来，最优秀的就是你自己，只是你被以前的经验蒙蔽了双眼，不敢相信自己，才把自己给忽略、给丢失了……其实，每个人都是最优秀的，差别就在于如何认识自己、如何发掘和重用自己……"一代哲人就这样永远地离开了他曾经深切关注着的世界。

那位助手后悔莫及，以致自责了整个后半生。

这位助手一直用过去形成的经验来评价自己，所以他丧失了一次很好的机会。

在生活中，有很多人会跟那位助手犯相同的错误。我们都习惯于用过去的事情来评定自己，比如过去曾把一件事情做得很好，那么再次遇到同样的事情，就以为凭借原来的经验也可以做得很好；过去没尝试过的东西或者曾经失败的事物，再次面对的时候就觉得自己不行……过去的思维总是限制着我们重新认识自己，所以那些老经验并不一定总是有利于我们以后的发展。有利的，我们要发扬，但是对于那些可能阻碍未来发展的，我们就要大胆地摒弃。

【心灵感悟】

我们需要沉住气，及时地把自己清零，每天都用一个崭新的自己跟生活对接。

不要害怕放弃美好的东西

> 想超越自己，有时候需要学会放弃自己辛苦得到的东西。
>
> ——伏尔泰

人生在世，有许多东西是需要不断放弃的。在仕途中，放弃对权力的追逐，随遇而安，得到的是宁静与淡泊；在淘金的过程中，放弃对金钱无止境地掠夺，得到的是安心和快乐；在春风得意、身边美女如云时，放弃对美色的占有，得到的是家庭的温馨和美满。

苦苦地挽留夕阳，是傻人；久久地感伤春光，是蠢人。什么也不放弃的人，往往会失去更珍贵的东西。放弃是一种境界，大弃大得，小弃小得。

"得"与"失"总是形影不离。俗话说："万事有得必有失。"得与失就像小舟的两支桨、马车的两个轮，相辅相成。失去春天的葱绿，却能收获丰硕的金秋；失去阳光的灿烂，却能收获小雨的缠绵……佛家讲："舍得，舍得，有舍才有得。"失去是一种痛苦，但也可能是幸福的开始。

国王有5个女儿，这5位美丽的公主是国王的骄傲。她们那一头乌黑亮丽的长发远近皆知，所以国王送给她们每人10个漂亮的发夹。有一天早上，大公主醒来，一如往常地用发夹整理她的秀发，却发现少了一个发夹，于是她偷偷地到二公主的房里，拿走了一个发夹。

当二公主发现自己少了一个发夹，便到三公主房里拿走一个发夹；三公主发现少了一个发夹，也如法炮制地拿走四公主的一个发夹；四公主只好拿走五公主的发夹。于是，最小的公主的发夹只剩下9个。

隔天，邻国英俊的王子忽然来到皇宫，他对国王说："昨天我养的百灵鸟叼回一个发夹，我想这一定是属于公主们的，而这也真是一种奇妙的缘分，不知道百灵鸟叼回的是哪位公主的发夹？"

公主们听到了这件事，都在心里说：是我掉的，是我掉的。可是头上明明完整地别着10个发夹，所以都懊恼得很，却说不出口。只有小公主走出来说："我掉了一个发夹。"话才说完，一头漂亮的长发因为少了一个发夹，全部披散下来，王子不由得看呆了。

故事的结局，当然是王子与小公主从此一起过着幸福快乐的日子。

这个故事告诉我们：如果你不可能什么都得到，那么你应该学会舍弃。生活有时会逼迫你不得不交出权力，不得不放走机遇，甚至不得不抛下爱情。然而，舍弃，并不意味着失去，因为只有舍弃才会有另一种获得。

人生要学会放弃，因为，生命之舟不可超载。"水往低处流是为了积水成渊，降落是为了新的起飞，所以我喜欢一次次将自己打入谷底。"

这是北京某饭店老板王欣在接受媒体采访时的一段经典语录。她的职业生涯确实也证明了她的"放弃"与"再次起飞"哲学的正确。请看她的自述：

"我是1987年大学毕业的，学的是外贸英语专业。我被分配到一家大型国有企业，那是一份很安逸、令很多人羡慕的工作。可是没多久，我就很苦恼，那是一成不变的日子。这样的日子让我感到很压抑，我不甘心自己的热情被一点点地吞噬。"

"苦恼归苦恼，但是真要作出抉择还是要下很大决心的。因为生活在体制中，它会给人一种安全感，虽然这种安全感是要付出代价的。""在犹豫不决中过了 3 年后，我终于下决心离开，因为如果再耗下去，我可能就会失去离开的决心和重新开始的信心。"

这在当时来讲，无疑是疯狂而没有理智的表现。因为王欣的辞职无异于自己将自己打到了最底层：一个没有单位，没有固定工资，没有任何社会保障的境地。

不久，她去了一家在北京的英国公司。上班的第一天，公司负责人将王欣喊到他的办公室，将两盒印有她名字的名片和一张飞机票交给她说："公司派你去上海开辟市场，你明天就走。"

她一下就蒙了，没想到刚上班，就给了她这么一个艰巨的任务，而且公司头儿说："你什么时候把上海市场打开了，什么时候回来。"这其实是给她下了军令状，她没有退路了。人就是这样，当知道自己没有退路时，反而会激发出连自己都难以相信的能量。在上海的那两年，是很辛苦的两年。

从上海回来后，王欣又跳槽去了一家生产航空发动机的美国公司，做高级业务代表。

生活中并没有绝对的对与错，所谓的对与错很大程度取决于你的价值取向。我们必须在纷繁琐碎中学会搜索与选择，如果我们不喜欢某个选择或结果，就应该立刻摒弃，重新进行新一轮的选择并获得新的结果。

一艘超载的轮船是无法安全到达彼岸的。一个人的时间和精力有限，必须懂得放弃，才能得到自己最想要的东西。

其实，人生要有所得必要有所失，只有学会舍弃，才有可能登上人生的高峰。你之所以举步维艰，是因为背负太重；之所以背负太重，是你还不会放弃。

【心灵感悟】

你放弃了烦恼，便与快乐结缘；你放弃了利益，便步入超然的境地。

舍去不是失去，牺牲只为得到

船舶放弃安全的港湾，才能在深海中收获满船鱼虾。

——福特

在佛经中，曾记载了这样一个感人至深的故事：

释迦牟尼佛在还没有佛法的时代，曾经做过婆罗门。这位婆罗门不仅品格清高，而且与众不同。

于是，释迦牟尼便产生了访求佛法的愿望。那时，正好切利天王在天宫看到了这一幕，想要试试他是否是真心地想求得佛法，于是切利天王化为长相极其凶恶的罗刹，找婆罗门说法，但是仅说半偈（印度古代的习惯以四句为一偈）。

婆罗门听了罗刹所说的半偈很喜欢，要求罗刹再说后半偈，罗刹不肯。婆罗门极力恳求，罗刹便向婆罗门说道："你要我说后半偈，也可以，你应把身上的血给我喝，身上的肉给我吃，我才答应你。"婆罗门为了求得佛法，立刻就答应说："我甚至愿将我身上的血肉给你。罗刹见婆罗门诚恳地允许，便把后半偈说给他听。

婆罗门听到了后半偈，真心地觉得十分心满意足，不但自己欢喜，并且把这偈书写在各处，遍传到人间。婆罗门在各处树木山岩上书写此四句偈后，为坚守信用，便想应如何把自己的肉血给罗刹吃。于是他爬上一棵很高很高的树，跳跃下来，自以为可以丧了身命，便将血肉给罗刹吃。罗刹看婆罗门不惜舍命求法，十分感动，当婆罗门在高处舍身跃下，未坠地时，罗刹便现了天王的原形把他接住，这婆罗门因此而没有死掉。罗刹原本就是忉利天王所变的，只是想试试婆罗门，现在看到婆罗门求法如此诚恳，自然是十分欢喜赞叹。

所谓"朝闻道，夕死可矣"，释迦牟尼佛之所以愿意为了求得佛法而放弃自己的生命，是因为他深深地明白要想求得真正的智慧是非常不容易的，因此，一定要懂得去珍惜。也正是因为真理的可贵，才使得很多人在真理的面前都曾发出了"朝闻道，夕死可矣"的人生感叹。

佛祖为了求得佛法而甘愿献出自己的血肉，以此获得真理和智慧；古人为了寻求真理而头悬梁、锥刺股；弘一法师为了佛法真理而甘愿放弃尘世的荣华高贵和功名利禄。我们已经不需要像佛祖那样以生命为代价，也不必像弘一法师那样出家修行，只需要敢于追求自己的理想，不畏惧，不惧得失，如此，快乐而充实的人生便可以为我们所享受。

孔子拜见老子，回去三天不说一句话。弟子问孔子："老师您去见老聃，拿什么去教导他呢？"孔子说："我看见龙了，龙顺着阴阳变化无穷。我张着嘴巴，话都说不出来，哪里还谈得上教导他呢？"

孔子认为老子已经得了自然之道，变化无穷。面对一个得道的人，任何的话都是多余。在老子面前，孔子得到了教诲，就"朝闻道，夕死可矣"。

然而，在寻求真理的通路上，并不会是一帆风顺的，而是充满艰难险阻并布满荆棘，有的时候甚至要为此付出生命的代价。正因如此，真理更显得难能可贵，也才会有无数的人不畏艰难而孜孜不倦地追求。伟大的意大利天文学家布鲁诺就是因为发现并坚持"日心说"而与当时宗教承认的"地心说"发生严重冲突，于 1600 年被烧死在罗马的鲜花广场，布鲁诺因坚持真理而付出了生命的代价。

真理的魅力与吸引力是巨大的，否则，不会有那么多的人为此而前赴后继。那些得到真理、明心见性的人从真理中找到了自己的本来面目，并且得到了精神上的满足，从而超越了生命，进而把握了生死。

人应该追求这种喜悦、这种快乐，这才是我们仰慕孔子、老子和佛陀的缘故。

【心灵感悟】

一个洞悉了人生百态、达到了智慧圆融境界的人又怎么会在乎追求真理之路的艰辛或者自身的安危呢？对于他们而言，真理和智慧的价值远远高于生命本身。而一个掌握了真理的人必将是一个快乐而充实的人。

天下没有不劳而获的事

　　人生最大的遗憾与折磨,莫过于到了一定的年纪对自己说"我的事业一无所成"。明明有十分的力气，却只用了一分，由于疏懒怠惰造成的巨大缺憾，连自己也无法向自己交代。

　　事实证明，一个人在工作中创造出怎样的成绩，关键不在于这个人的能力是否卓越，也不在于外界的环境是否优越，关键在于他是否竭尽全力。

最大的危险是不冒风险

如果不去冒险，本身就已经非常危险。

——奥托

人生就像是一场搏击赛，有些时候需要避开对手强有力的攻击，有些时候需要隐藏脚步、迷惑对手，但一旦最有利的时机出现，所有的隐藏与让步都应抛到一边，拿出勇气与魄力，冒险去主动出击。如果一味地以韬光养晦来隐藏自己的锋芒，久未出击的拳脚总有一天会对攻击变得生疏，进而导致失去主动出击的能力。

那些在事业上获得巨大成就的人往往是具有冒险精神的人。事实上，没有冒险就没有机遇，没有机遇就很难成功。机遇从来都伴随着挑战，如果你畏惧挑战而放弃，相应的你也失去了难得的机遇。敢于冒险，在一定程度上，是和成功相关联的。

世界著名服装设计师皮尔·卡丹是个非常敢于冒险的人，而他对马克西姆餐厅的经营策略更是体现了这位现代企业家和服装设计大师在关键时刻的决策能力和才干。马克西姆餐厅创建于 1893 年，是法国著名的高档餐厅。但是，发展到 20 世纪 70 年代，经营越来越不景气，到 1977 年时，已濒临倒闭。

这时，皮尔·卡丹却决定买下马克西姆餐厅。朋友都以为皮尔·卡丹在开玩笑，纷纷劝阻他："这个餐厅本来就不景气，如果要买下来肯定耗资巨大，等于自己给自己拖一个包袱。"还有人对他说："不要让自己走向破产，头脑要冷静一点儿。"但是，皮尔·卡丹坚持认为：马克西姆餐厅虽然目前不景气，但它历史悠久、牌子老、有优势。它经营状况不佳的主要原因在于过度追求高档次，而且菜肴单一，市场也局限在国内，只要从这几个方面加以改进，肯定可以收到成效。何况，趁其不景气的时候购买，才能以低价买进。

1981 年，皮尔·卡丹终于以巨款买下了马克西姆这一巨大产业。经营伊始，他立即着手改革，以图走出困境。首先，增设档次，在单一的高档菜的基础上再增加中档和一般的菜点。其次，扩大经营范围，除菜点外，兼营鲜花、水果和高档调味品。另外，皮尔·卡丹还在世界各地设立马克西姆餐厅分店。这些措施一一实施以后，取得了良好的经济效益。事实证明他当初的冒险是非常正确的。

皮尔·卡丹在冒险中走出了一条成功之路，但有些人却因懦弱而始终与平庸相伴。成功意味着冲破平庸，而其中的一条捷径就是——敢于冒险。

石油大王哈默告诉人们："不会冒险的人永远也不会取得成功。惧怕失败，不冒风险，平平稳稳地过一辈子，虽然可靠，虽然平静，但只是一个悲哀而无聊的人生、一个懦夫的人生，其中最令人痛惜的就是，你自己葬送了自己的潜能。"

与其平庸地过一生，不如为自己的理想勇敢去冒险和闯荡，做一个敢于冒险的英雄。

曾有两位少年去求助一位老人，他们问着相同的问题："我有许多的梦想和抱负，但总是笨手笨脚，无从下手，不知道如何才能实现自己的目标。"

老人给他们一人一颗种子，细心地交代："这是一颗神奇的种子，谁能够妥善地保存它，谁就能够实现他的理想。"

几年后，老人碰到了这两位少年，顺便问起种子的情况。

第一位少年谨慎地拿着锦盒，缓缓地掀开里头的棉布，对着老人说："我把种子收藏在锦盒里，时时刻刻都将它妥善地保存着。为了这颗种子能够完整地保存，我为它专门建了一个恒温室。我相信它现在仍完好如初，其价值没有任何折损。"

第二位少年汗流浃背地指着旁边的一座山丘道："您看，我把这颗神奇种子埋在土里灌溉施肥，现在整座山丘都长满了果树，每一棵果树都结满了果实，原来的一颗种子现在变为了千万颗。这就是我实现这颗神奇种子价值的方法。"

老人关切地说："孩子们，我给的并不是什么神奇的种子，不过是一般的种子而已。如果只是守着它，永远不会有结果；只有用汗水灌溉，才能有丰硕的成果。让种子生根发芽，虽然会冒风霜雨雪侵蚀的风险，但正由于经历了这些锤炼，生命才焕发出神奇的力量，种子的价值才真正得到了实现和延续。"

第一位少年不敢冒险，结果失败。其实，不敢冒险去做，其实是冒了更多的险。冒险与收获常常结伴而行。险中有夷，危中有利，要想有卓越的人生，就要敢于冒险。现代社会，几乎每次变革和创新，都会面临一定的风险。因此，人们在尝试新事物前，要做好可能失败的心理准备，尽管他们会做出各种努力去规避风险。

有些人很聪明，对不测因素和风险看得太清楚了，不敢冒一点儿险。结果聪明反被聪明误，永远只能过一种平庸的生活。勇于尝试可以让你发现机会，化危机为转机。有些在平时看似"不可能"的事情，在你的尝试中也可能变成现实。正如一位成功人士所说的那样，尝试可以创造奇迹。也有不少人因为生活经历较少，经验不足，遇事都不敢主动去冒险，结果错失了许多的机遇。事实上，敢冒风险并非铤而走险，敢冒风险的勇气和胆略是建立在对客观现实的科学分析基础之上的。顺应客观规律，加上主观努力，力争从风险中获得利益，这是成功者必备的心理素质。

我们应该明白这样一个道理：与其不尝试而失败，不如尝试了再失败，不战而败是一种极端怯懦的行为。如果想成为一个成功者，就要具备坚强的毅力，以及勇气和胆略。

那些遇到危机和困境而又缺乏行动能力的人，总是为自己的不作为先寻找理由。一般来说，编造种种借口和理由拒绝行动的人，用一整套懒汉理论武装了自己。他们不敢冒险去摆脱危机或困境，而只想等人来救，殊不知，这样下去才更可能因耗尽精力而无力回天。

一件事情，只有去做了，才能判定行或不行，因为太多的事情对社会来说是前所未有的，对参与者来说从未做过，只有勇敢地去冒险、去尝试，才能把握其中的诀窍，并锻炼自己的能力。不愿、不敢去冒险的人，注定在碌碌无为的人生中，对自己向往的事物也一点点地失去兴趣，直至平庸的生活将其变得麻木。

真正的人生不可能没有风雨，只有勇敢地走出去，为了生活的理想而冒险，才能在别人犹豫不决时果断决策，才能不安于现状，创造更多辉煌。

在我们周围，许多人努力过着或正过着安逸的生活，考公务员热就说明了这一问题。喜欢安逸固然无可厚非，但同时也失去了更多成功的机会。想想广为人知的成功人士，没有人是过着安逸的生活而成功的，他们的成功正源于他们不同于平凡人的敢冒风险。

【心灵感悟】

隐匿固然可以获得平稳的生活，同时也丧失了成功的可能。人生就是一场冒险，畏缩不前的人，永远走不到远方。

安逸的生活如同慢性毒药

艰难困苦是幸福的源泉，安逸享受是
苦难的开始。

——俞敏洪

选择安逸的生活即选择"生命之轻"这种生活方式。安逸的生活虽然看
起来很美妙但实际如同地狱。安逸的生活如同慢性毒药。长期的安逸会磨灭
人的理想，摧毁人的斗志，最终毁掉人的一生。

有一个人死后，在去阎罗殿的路上，遇见一座金碧辉煌的宫殿。宫殿的
主人请他留下来居住。这个人说："我在人世间辛辛苦苦地忙碌了一辈子，
我现在只想吃、只想睡，我讨厌工作。"

宫殿的主人答道："若是这样，那么世界上再也没有比我这里更适合你
居住的了。我这里有山珍海味，你想吃什么就吃什么，不会有人来阻止你；
我这里有舒服的床铺，你想睡多久就睡多久，不会有人来打扰你，而且，我
保证没有任何事情需要你做。"

于是，这个人就住了下来。

开始一段日子，这个人吃了睡、睡了吃，感到非常快乐。渐渐地，他觉

得有点儿寂寞和空虚，于是他就去见宫殿主人，抱怨道："这种每天吃吃睡睡的日子过久了也没有意思。我现在是脑满肠肥了，对这种生活已经提不起一点儿兴趣了。你能否为我找一份工作？"

宫殿的主人答道："对不起，我们这里从来就不曾有过工作。"

又过了几个月，这个人实在忍不住了，又去见宫殿的主人："这种日子我实在受不了。如果你不给我工作，我宁愿去下地狱，也不愿再在这里住下去了。"

宫殿的主人轻蔑地笑了："你以为这里是天堂吗？这里本来就是地狱啊！"

安逸的生活原来也是一种地狱。它虽然没有刀山可上、没有火海可蹈、没有油锅可赴，可它能渐渐地毁灭你的理想、腐蚀你的心灵，甚至可以让你变成一具行尸走肉。

季老在《季羡林谈人生》一书的"老年十戒"一文中，给老年朋友提了十条建议，其实这些建议不仅对于老年人适用，对任何一个阶段的人都合适——因为那是人类的通病。在"十戒"中有一条是"无所事事"。季老认为人一旦到了老年，难免因为时间的充裕而又无事可做，常常觉得寂寞、无聊。我们都知道季老的一生很勤奋，他九十多岁的年纪依然笔耕不辍，只要身体允许，每天还是坚持看书、写作，经常在北京的黎明前，即每天清晨4点多就会坐在书桌前，季老戏称他观看了北京几十年的清晨。

沉湎于安逸，是人性中惰性的反映。人们喜欢舒适安逸的生活，一旦适应了它，便不愿再离开、再改变。要想追求充实向上的人生，体会生命的价值，我们就应当警惕安逸的生活，不要被安逸所累。

【心灵感悟】

每个人都向往安逸的生活，经历艰难困苦后短暂的安逸生活可以使我们得到休息和宁静，但是长期的安逸就会使我们的心灵沉睡、潜能隐遁，成为一具行尸走肉。

机遇要靠自己把握，平台要靠自己创造

一味怨天尤人，随波逐流，即使你真有什么过人之处，也必定因为你糟糕的态度及表现而消磨殆尽。

——卡耐基

    现实生活中，有这样一句流行的话语叫"选择大于努力"，说的是一个好的平台比努力拼搏更容易成功。这句话说得固然有理，但是天下没有免费的午餐，"若无金刚钻难揽瓷器活"。与其"高不成、低不就"，临渊羡鱼，蹉跎光阴，不如退而结网，先安身立业、再发展，只要能磨砺好这把锋刃，又何愁没有过关斩将的机会呢？

    希望自己的生活舒适、工作稳定，这些都无可厚非。但是，在任何时候，我们都要清楚自己的实力，根据自己的实际情况确定奋斗目标。如果盲目攀比，自己能干的事情不想干，想干的工作又没有能力去完成，结果处于一种尴尬的境地，这样是很难得到发展的。时间一长，现有的本领也会丢掉，那些长远的发展更无从谈起。

    小勇是一家公司的打字员，中专毕业后就到了这家公司。同学们都很羡慕他："毕业后就找到工作，能先养活自己。""不用再花家里的钱了。"

但是他总感觉自己是"怀才不遇"，应该有更好的发展。这种思维导致他工作时也不专心，出现了好几次错误。不仅领导对他颇有微词，同事们也说他经常走神儿，有时候叫他好几次还没有反应。看到领导和同事都对自己很有意见，小勇认为这些人是不明白自己的"鸿鹄之志"。

看到他这样，朋友很担心，劝他："你看现在咱们同学里面就你赚钱最早，能解决自己的温饱问题，好好干吧！路是一步一步走出来的，现在咱们最大的问题就是基本生活保障，你已经找到了生活的面包，还烦恼什么？"小勇对于朋友的这番话根本没有听到心里去。

终于有一天，小勇收到了公司的辞退信。他并没有懊恼，反而认为自己终于可以"大展拳脚，有一番作为"了。结果，跑过几场招聘会，投了许多简历，也有几次面试，都是以"你的能力与我们的要求还有一定差距，希望以后有机会合作"而告终。

小勇非常后悔没有做好打字员的工作。他不仅没有找到更好的工作，就连最基本的生活来源都成了问题。现在小勇对朋友们说得最多的一句话就是："好好工作，工作里有面包，工作里有生活的温饱。"

每个人都有自己的人生理想，这是在精神上更高层次的追求，但是这种追求的前提是要保障最基本的生活，如果生存都成了问题，又谈什么更高层次的成功呢。做好目前的工作，珍惜现有的工作机会，脚踏实地地工作，这样才会得到老板的赏识，你才会获得更多的工作机会，才能开拓更广阔的发展空间。

许多时候，我们感叹自己运气不济，其实这个世界天上掉馅饼的事是少之又少。我们光惦念着有人买彩票中五百万，却忘了其背后千百万彩民"血本无归"。这个社会幸运的人终究是少数，不要抱怨自己机遇不佳，是金子总会闪光，摆正心态，潜心进取，终会有梦想成真的一天。

一位计算机博士学成后开始找工作，因为有博士头衔，一般的用人单位"不敢"录用他，而经验的缺乏又让很多知名企业对他抱持怀疑态度。在整个不景气的就业形势下，他发现自己的高学历竟然成了累赘。思索再三，他决定收起所有的学位证明，以一种最低的身份进入职场，去获取自己目前最需要的财富——经验。

不久，他就被一家公司录用为程序输入员，他并没有敷衍了事，反倒仔仔细细、一丝不苟地工作起来。一次，他指出了程序中的一个重大错误，为公司挽回了损失，老板对他进行了特别嘉奖，这时，他拿出了自己的学士证，于是，他得到了一个与大学毕业生相称的工作。

这对他是个很大的鼓励，他更加用心地工作，不久便出色地完成了几个项目。在老板欣赏的目光中，他又拿出了自己的硕士证，为自己赢得了又一次提升的机会。

爱才惜才的老板对他产生了浓厚的兴趣，开始悉心观察他，注意他的成长。当他又一次提出一些改善公司经营状况的建议时，老板和他进行了一次私人谈话。看着他的博士证书，老板笑了。他终于得到了理想中的那个职位，尽管有些曲折，但他觉得从最低处开始努力的整个过程都很有意义。

这位博士以退为进，先将自己放在一个极低的水平线上，然后踏踏实实地奋斗，为自己积蓄内在资本。"真金不怕火炼"，他在平凡的岗位上显示出了光彩，被慧眼识英的老板委以重任。

这种低姿态谋求发展的精神，以及一丝不苟的工作态度，是值得我们每一个人学习的。许多成功人士都是从低微之处开始一步步走向人生巅峰的。当前就业竞争日趋白热化，与其高不成、低不就地徒掷光阴，不如以低姿态谋求发展。须知，平台需要自己创造，只要你真有实力，即使是濒临倒闭的小店，你也可能令它起死回生、不断壮大，怕就怕你只是眼高手低的平庸之辈，这样，即使你幸运挤进了实力雄厚的大公司，也难以在激烈的竞争中长久地站稳脚跟。

【心灵感悟】

机遇要靠自己来把握，平台要靠自己来创造，无论身处何处，置身何境，只要能够沉得住气，不断进取，你就一定能乘风破浪，铸就属于自己的辉煌。

全力以赴是自我升值的砝码

对自己狠一点儿，再过五年你将会感谢今天发狠的自己、恨透今天懒惰自卑的自己。

——马云

人生最大的遗憾与折磨，莫过于到了一定的年纪对自己说"我的事业一无所成"。明明有十分的力气，却只用了一分，由于疏懒怠惰造成的巨大缺憾，连自己也无法向自己交代。

事实证明，一个人在工作中创造出怎样的成绩，关键不在于这个人的能力是否卓越，也不在于外界的环境是否优越，关键在于他是否竭尽全力。

一个人只要竭尽全力，即使他所从事的只是简单平凡的工作，即使他的能力并不突出，即使外界条件并不有利，他仍然可以在工作中创造出骄人的成绩。

著名企业家李嘉诚曾经说过："做生意不需要学历，重要的是全力以赴。"世界第一 CEO 杰克·韦尔奇也曾经说过："干事业实际上并不依靠过人的智慧，关键在于你能否全心投入，并且不怕辛苦。实际上，经营一家企业不是脑力工作，而是体力工作。"

可见，在我们的工作中，学历和能力并不是最重要的，如果你不能全身心投入工作，就无法在职场中取得优异的成就。

张涛和王雷同时进入一家开发、销售电子产品的公司。张涛是一所电子工业大学的毕业生，学历是本科；王雷学的是贸易专业，学历是专科。两年后，王雷升为销售部的主管经理，张涛却仍然是一名普通员工。

在元旦的宴席上，一位老员工小声问身边的总经理："张涛是本科毕业，所学专业又与我们的产品吻合，你为什么提拔了王雷而不提拔他？"

总经理微微一笑："虽然王雷的学历没有张涛高，但他身上有一种强烈的成功欲望。无论交给他什么任务，他总是尽力完成得十全十美。"

是的，对于公司的员工来说，没有什么比拥有不满足"够好了"的态度更能帮助他在自己的职业生涯中获得成功了，老板往往并不会因为他"想要成为将军"而拒绝或冷淡他。只有那些不求上进的下属，才是令老板们最反感的。

工作不分贵贱，任何工作都值得我们全力以赴。很多员工认为自己所从事的工作是无足轻重的，对工作敷衍了事，根本没有认识到自己工作的价值。谈不上做得好，更谈不上做到最好，反而经常将心思放在怎样才能寻找到一个薪水高、轻松又体面的工作上。以他们这种对待工作的态度，还想找一个好工作，那不是痴心妄想吗？

其实，在各行各业中都有施展才华和加薪晋职的机会，关键要看你是不是能静下心来，以积极主动的态度来对待你的工作，在工作中是否做到了最好。

对于有志在工作中成就一番事业的员工来说，奋力拼搏是唯一的工作方法，即使老板不在，他们也不容许自己有丝毫的懈怠。他们不会对自己说"我还是中途休息一下吧"，而是要求自己全力以赴，不达目的誓不罢休；他们也不会对自己说"我已经做得够好了"，而是要求自己在每一份工作中都尽力而为。在他们身上，流淌着"勤奋""敬业"的鲜血，让自己永远超出老板预期，为自己争取着每一个成长与提升的可能。

要知道，我们每个人的身上都蕴含着无限的潜能，如果你能确定一个较高的目标，潜心静气，激励自己奋力拼搏，永远做得比老板预期的还要多，那么你一定能够摆脱平庸，走向卓越，成为众人心目中不可或缺的人才。

职场中永远没有道具，如果你要做好自己的工作，就要付出百分之百的努力。有人问一家餐馆老板成功的秘诀，他说自己的成功得益于在一家欧洲大饭店的厨房工作的经历。在那里，他学到了成功的关键是竭尽全力把一切做得尽善尽美，不管是复杂的主菜，还是简单的附餐。

他说："如果你做法式炸薯条，就把它做成世界上最好的法式炸薯条。"

全心全意、尽职尽责，正是敬业精神的基础。一个人无论从事何种职业，都应该全心全意、尽职尽责，这不仅是工作的原则，也是人生的原则。

如果我们在工作中无论做什么事都追求尽善尽美，不给自己留丝毫松懈的余地，那么无论我们做什么工作，身陷怎样的困境，处于怎样平凡底层的岗位，都能在最短的时间内获得成长和发展的机会。

【心灵感悟】

心态浮躁，以为凭自己的才华和能力不需费力就能完成工作，从而应付工作，这样的人永远也无法获得机会的垂青。

学会在苦难中微笑

> 受苦是考验，是磨炼，是咬紧牙关挖掉自己心灵上的污点。
>
> ——巴金

在美国艾奥瓦州的一座山丘上，有一座不含任何合成材料、完全用自然物质搭建而成的房子。住在里面的人需要依靠人工灌注的氧气生存，并只能以传真的形式与外界联络。这个房子的主人叫辛蒂。

1985年，辛蒂还在医科大学读书。有一次，她到山上散步，带回了一些蚜虫。回来后，她拿起杀虫剂为蚜虫去除化学污染，就在这时，她突然感觉到一阵痉挛。她原以为那只是暂时性的症状，却没有料到自己的后半生从此变得悲惨至极。

原来，这种杀虫剂内所含的一种化学物质使辛蒂的免疫系统遭到破坏，使她对香水、洗发水以及日常生活中可接触的所有化学物质一律过敏，甚至连空气也可能使她的支气管发炎。这种"多重化学物质过敏症"是一种奇怪的慢性病，到目前为止仍无药可医。

患病的前几年，辛蒂一直流口水，尿液变成绿色，有毒的汗水刺激背部形成了一块块疤痕，她甚至不能睡在经过防火处理的床垫上，否则就会引发心悸和四肢抽搐——辛蒂所承受的痛苦是令人难以想象的。1989 年，她的丈夫吉姆用钢和玻璃为她盖了一所无毒房间，一个足以逃避所有威胁的"世外桃源"。辛蒂所有吃的、喝的都得经过选择与处理，她平时只能喝蒸馏水，食物中不能含有任何化学成分。

多年来，辛蒂没有见到过一棵花草，听不见一声悠扬的歌声，阳光、流水和风等正常人毫不费力就可以拥有的美好东西，她都无法享有。她躲在没有任何饰物的小屋里，饱尝孤独之苦。更可悲的是，无论怎样难受，她都不能哭泣，因为她的眼泪跟汗液一样也是有毒的物质。

坚强的辛蒂并没有在痛苦中自暴自弃，她一直在为自己，同时更为所有化学污染物的牺牲者争取权益。辛蒂在生病后的第二年，就创立了"环境接触研究网"，以便为那些致力于此类病症研究的人士提供一个窗口。1994 年，辛蒂又与另一组织合作创建了"化学物质伤害资讯网"，保证人们免受威胁。目前这一资讯网已有 5000 多名来自 32 个国家的会员，不仅发行了刊物，还得到美国参议院、欧盟及联合国的大力支持。

在最初的一段时间里，辛蒂每天都沉浸在痛苦之中，想哭却不能哭。随着时间的推移，她渐渐改变了生活的态度，她说："在这寂静的世界里，我感到很充实。因为我不能流泪，所以我选择了微笑。"因为她知道每一种生命都有自身的价值，因为在绝境中她仍然能看到自己的价值所在。

当自己陷于痛苦之中时，试着笑一下吧，至少为生命减少一份沉重和悲壮，平添一份勇气和轻松。当你学会在苦难中微笑的时候，你已经不同凡响。

生活中许多人认为，微笑着面对每一个人是件很困难的事，实际并非如此。只要你平时多对自己说："我想做一个快乐的人，我喜欢微笑。"你就能做到这一点。每天睡觉前，你不妨学一学旅馆大王希尔顿，问自己："你今天微笑了吗？"

希尔顿年轻时，父亲因车祸去世，一家生活的重担全落到他的肩上。他想当一名银行家，决心去得克萨斯州实现这个梦想。他想买一家银行，银行经理出的价钱是75万美元，比他能筹措到的资金高出好几倍。而且两天后，不守信用的银行经理又把价格提到80万美元。希尔顿非常气愤，他找到一家叫"毛比来"的旅馆休息，当时旅馆里已经住满了客人，他看见柜台前站着一个愁眉不展的人，赶忙走过去，问道："你是这家旅馆的主人吗？为何这样不开心啊？"

"不错，我是这家旅馆的老板。有这样一个旅馆，我怎么开心得起来啊，我早就想扔掉这见鬼的旅馆了。"

希尔顿灵机一动："老兄，祝贺你，你已经找到买主了。"

最终，他以4万美元买下了这家旅馆，而他自己只有5000美元，其余的钱全是借的。经过多年的精心经营，希尔顿的事业向前迈进了一大步。

一天，他兴奋地把自己的成绩汇报给母亲，母亲却冷冷地说："我看你与以前差不多，并没有太大的改变，只不过你把领带弄脏了些而已。实际上你必须寻找一种更值钱的东西，除了真诚地对待顾客以外，你还应该想办法让每个住进希尔顿酒店的人还想着再来住。你要想一种简单的不花费本钱的方法吸引顾客，这样你的旅馆才会不断向前发展。"

对于母亲的忠告，希尔顿思索了很久，他想起了当初购买"毛比来"旅馆时的情景，店主在顾客面前总是表现出一副愁眉苦脸的样子，这对他启发很大，他终于想出了一种不花任何本钱却特别有效的办法，那就是"微笑"。

他要求员工们热情招待顾客，即使工作再累、心情再不好，也要微笑着面对每一个客人，因为旅客永远是上帝。

结果，希尔顿的经营策略大获成功，他的事业不断发展，最终建立了"希尔顿帝国"。

微笑正是打开愉快之门的金钥匙，是面对人生最好的勇气。发自内心的微笑是美好心灵的外现，也是心地善良、待人友好的表露，是一个人有文化、有风度、有涵养的具体体现。懂得对自己微笑的人，他的心灵天空将随之晴朗；懂得对生活微笑的人，生活也会对你微笑；懂得对苦难微笑的人，将会拥有美丽的人生！

【心灵感悟】

你愿意微笑吗？试试看，它可能会改变你的整个生活。因为微笑是和煦的春风，是快乐的精灵，是看不见的人生财富。

第十三章 \\\\\\\\\\\\\\\\\\\\\\\\\\

咬牙坚持，你终将成就无与伦比的自己

　　巍峨的大树，其挺拔的身姿是在与狂风暴雨搏斗后磨砺出来的；精良的斧头，其锋利的斧刃是在铁匠手中千锤百炼打造出来的。一个不容忽视的现实是，顺境中的人往往"苗而不秀，秀而不实"，那是因为温室里的幼苗经不起风吹雨打。所以，苦难才能成就完整的人生，缺少了生活的磨炼，也就缺少了积累人生无价财富的机会。

把人生的绊脚石当成自己的跳板

> 卓越的人的一大优点是：在不利与艰难的遭遇里百折不挠。
>
> ——贝多芬

　　世事无常，我们随时都会遇到挫折。当我们碰到厄运的时候，当我们面对失败的时候，当我们承受重大灾难的时候，你会怎样去面对呢？不要把自己禁锢在眼前的困苦中，眼光放远一点儿，这样，无论遭遇什么样坎坷不幸之事，都可以将绊脚石转化为自己的跳板。当你看得见成功的未来远景时，便能走出困境，达到你梦想的目标。

　　内心充满希望，它可以为你增添一分勇气和力量，它可以支撑起你一身的傲骨。当莱特兄弟研究飞机的时候，许多人都讥笑他们是异想天开，当时甚至有句俗语说："上帝如果有意让人飞，早就使他们长出翅膀。"但是莱特兄弟毫不理会外界的说法，终于发明了飞机。当伽利略以望远镜观察天体，发现地球绕太阳而行的时候，教皇曾将他下狱，命令他改变主张，但是伽利略依然继续研究，并著书阐明自己的学说，他的研究成果后来终于获得了证实。最伟大的成就，常属于那些在大家都认为不可能的情况下，却能坚持到底的人。坚持就是胜利，这是成功的一条秘诀。

在一座偏僻遥远的山谷里的断崖上，不知何时，长出了一株小小的百合。它刚诞生的时候，长得和野草一模一样，但是，它心里知道自己并不是一株野草。它的内心深处有一个纯洁的念头："我是一株百合，不是一株野草。唯一能证明我是百合的方法，就是开出美丽的花朵。"它努力地吸收水分和阳光，深深地扎根，直直地挺着胸膛，对附近的杂草置之不理。

在野草和蜂蝶的鄙夷下，百合努力地释放内心的能量。百合说："我要开花，是因为知道自己有美丽的花；我要开花，是为了完成作为一株花的庄严使命；我要开花，是由于自己喜欢以花来证明自己的存在。不管你们怎样看我，我都要开花！"

终于，它开花了。它那灵性的白花和秀挺的风姿，成为断崖上最美丽的风景。年年春天，百合努力地开花、结籽，最后，这里被称为"百合谷地"，因为这里到处是洁白的百合。

百合没有屈服于挫折，而是以挫折为契机，开出了花朵，实现了自己的愿望。我们生活在一个竞争十分激烈的社会，有时在某方面一时落后，有时困难重重，有时失败连连，甚至有时被人嘲笑……无论什么时候，我们都不能放弃努力；无论什么时候，我们都应该像那株百合一样，坚信自己有美好的明天。

发生在汶川的5·12特大地震虽然震裂了大地，但震不垮人们坚强的心。面对父母的消逝，面对爱人的离去，面对孩子的死亡，活着的人要有足够强大的精神来支撑自己不要倒下。多少次的痛不欲生，多少次的跌跌撞撞，终于，他们顶住了。面对这需要重新来过的新生，面对即将起程的新生活，他们为死去的人好好活着。因为他们知道，活在痛苦中，只会让自己辜负这新生命的际遇，他们好好活着，就是对这际遇最好的感恩。

生活中，暂时的落后一点儿都不可怕，自卑的心理才是可怕的。人生的失意、挫折、失败对人是一种考验，是一种学习，是一种财富。我们要牢记"勤能补拙"，既能正确认识自己的不足，又能放下包袱，以最大的决心和最顽强的毅力克服这些不足，弥补这些缺陷。人的缺陷不是不能改变，而是看你愿不愿意改变。只要下定决心，讲究方法，就可以弥补自己的不足。

在不断前进的人生中，凡是看得见未来的人，也能掌握现在，因为明天的方向他已经规划好了，知道自己的人生将走向何方。平凡人总是把挫折当成挫折，当做自己前进的绊脚石，而非凡的人把人生中的挫折都当成自己的跳板，借助跳板，跨越到更高的阶段。所以，留住心中的"希望种子"，相信自己会有一个无可限量的未来，任何艰难都不会成为我们的阻碍。

【心灵感悟】

只要怀抱希望，那些暂时的绊脚石，我们终将能从上面跨过去，之后等待我们的将会是熠熠生辉的星光大道。

伟大是熬出来的

踏踏实实地考虑问题，干一番事业。

——辛克莱·刘易斯

伟大究竟是怎样成就的，伟大的力量究竟在哪里？

冯仑在《野蛮生长》一书中说过，决定伟大的有两个最根本的力量，时间就是其中之一，时间的长短决定着事情或人的价值，决定着能否成为伟大。所以当你要做一件你希望它伟大的事情时，首先要考虑你准备花多少时间。如果是一年，绝对不可能伟大，20 年则有机会。这么长时间怎么过？不可能一直顺风顺水，肯定要熬。

想要成就伟大，就要耐得住寂寞，埋头去做，用时间熬成伟大。

这是一个在中国地图上找不到的小岛，但历史上西方列强曾 7 次从这一海域入侵京津。在这个小岛上驻守着济空雷达某旅九站官兵，他们在艰苦寂寞、气候恶劣的自然环境中，用青春和汗水铸起了一道天网。近年来，连队雷达情报优质率始终保持 100%，先后 20 多次圆满完成中俄联合军事演习等重大任务，被誉为京津门户上空永不沉睡的"忠诚哨兵"。

这个雷达站80%的官兵是"80后"，70%的官兵来自城镇、经济发达地区和农村富裕家庭，50%的官兵拥有大中专以上学历。尽管如此，这些新一代军人仍然能够像当年的"老海岛"一样，吃大苦、做奉献、打硬仗。

风平浪静时，小岛十分美丽，初进海岛的官兵都会感到心清气爽。可不出一个星期，无法言喻的孤独和寂寞就会悄然爬上心头。白天兵看兵，晚上听海风。值班时，盯着枯燥的雷达屏幕看天外目标；休息时，围着电视机看外面的世界。除了连队的文体活动场所外，小岛上没有任何可供官兵休闲娱乐的去处。每当有客船来岛，听到进港的汽笛声，没有值班任务的官兵就会欢呼雀跃地拉起平板车跑向码头，去接捎给连队的货物，顺便看上一眼岛外来人的陌生面孔，呼吸几口船舱带来的岛外空气。孤岛上的寂寞，连祖祖辈辈生活在这里的渔民都发出这样的感慨："初来小海岛，心境比天高；常住小海岛，不如死了好。"

5年间，60多名战士从当兵到复员没有出过岛，守住了孤独，守住了寂寞。目前，九站已连续12年保持先进，年年被评为军事训练一级单位，先后两次被军区空军评为基层建设标兵连队，荣立集体二等功、三等功各一次。

用时间熬成伟大，是所有成就事业者遵循的一条原则。它以踏实、厚重、沉思的姿态作为特征，以一种严谨、严肃、严峻的表象，追求着一种人生的目标。

人一生中际遇不会相同，伟大的标准也不会相同，但只要你踏踏实实过好每一天，不断充实、完善自己，就能很好地把握机遇、成就伟大。有"马班邮路上的忠诚信使"称号的王顺友就是这样一个踏踏实实"熬"过每一天的人。

王顺友，四川省凉山彝族自治州木里藏族自治县邮政局投递员，全国劳模、2007年全国道德模范的获得者。22年来，他一直从事着一个人、一匹马、一条路的艰苦而平凡的乡邮工作。邮路往返里程360公里，月投递两班，一个班期为14天。22年来，他送邮行程达26万多公里，相当于走了21个二万五千里长征，围绕地球转了6圈！

王顺友担负的马班邮路，山高路险、气候恶劣，一天要经过几个气候带。他经常露宿荒山岩洞、乱石丛林，经历了被野兽袭击、意外受伤乃至肠子被骡马踢破等艰难困苦。他常年奔波在漫漫邮路上，一年中有 330 天左右的时间在大山中度过，无法照顾多病的妻子和年幼的儿女，却没有向组织提出过任何要求。

为了排遣邮路上的寂寞和孤独，娱乐身心，他自编自唱山歌，其间不乏精品，像"为人民服务不算苦，再苦再累都幸福"等。为了能把信件及时送到群众手中，他宁愿在风雨中多走山路，改道绕行以方便沿途群众。他还热心为农民群众传递科技信息、致富信息，购买优良种子。为了给群众捎去生产生活用品，王顺友甘愿绕路、贴钱、吃苦，受到群众的广泛称赞。

几十年来，王顺友没有延误过一个班期，也没有丢失过一个邮件、一份报刊，投递准确率达到 100%，为中国邮政的普遍服务做出了最好的诠释。

王顺友是伟大的。很多人以为王顺友的日子太苦太难熬，其实，这就像爬山，熬过艰难的攀登过程，到山顶一看，天高云淡，神清气爽。我们每一个人，只有先去经历"熬"的过程，才能真正体会到"伟大"的境界。

任何人的一生，都是一趟漫长的旅行，沿途有无数的坎坷和泥泞。我们要以熬药、熬粥、熬汤的态度对待人生，能够忍耐，能够战胜坎坷，将日子慢慢地熬、耐心地过，争取把一天都过得香甜有滋味。

"熬"是一种难得的品质，不是与生俱来，也不是一成不变，它需要长期的艰苦磨炼和凝重的自我修养、完善。"熬"是一种有价值、有意义的积累。

【心灵感悟】

一个人的生活中总会有这样、那样的挫折，会有这样、那样的机遇，如果你有一颗能"熬"的心，用心去对待、去守望，伟大就会属于你。

立志在我，成事也在我

老话说"谋事在人，成事在天"，但事实证明"立志在我，成事在我"。

人们常说，商人是在风险中敛财的，所以商人每做一项决定，都需要果敢和自信。在这一方面，清朝红顶商人胡雪岩表现得尤为突出。

胡雪岩自立门户，接的第一笔生意就是蚕丝生意。他的徒弟打听到，上海的市面颇不宁静，帮会组织"小刀会"会在八月起事。但起事的反应会怎样、结果如何，这些都无法预测。

"小刀会"是地方组织，得到洋人的支持，所以才敢跟清政府叫板。如果"小刀会"的事情闹大了，那么上海的生丝生意将受到严重影响：外面的生丝运不进来，里面必然供应不足，如果借机囤积大量生丝，肯定能大赚一笔。可是，如果起事的时间太短，没几天就过去了，那么生丝市场很快会平静下来，价钱不会受到太大的影响。这个时候，囤积的货必定会砸在手里，倾家荡产也说不定。

商人虽然能嗅到商机，但是谁也避免不了风险，在最后的时刻，只能根据当时的情形进行预测。正是这样的预测，展现出了胡雪岩的自信。

他分析说，洋人暗中支持"小刀会"，清政府肯定会对他们采取一系列的反击，而这其中最有可能采取的就是禁止贸易上的往来。如果外面的生丝没有办法运进来，洋人手里有钱，却买不到生丝，势必会引起生丝市场上的价格战争。所以，他立刻决定大量收购生丝，囤积起来，等待时机成熟的时候再出售。

当时，很多人对他的决策提出了疑义，觉得这笔生意很冒险，可是胡雪岩十分相信自己的判断力，坚持购进生丝，结果第一笔生意，他赚取了大笔的利润。

胡雪岩常说的一句话是"我是一双空手起来的，到头来仍旧是一双空手，不输啥！只要我不死，我照样一双空手再翻过来。"他甚至将"谋事在人，成事在天"改成了"立志在我，成事在我"，这足可以看出他的自信。

要想成为一个有大成就的人，就要有这样的自信。只有自信的人，才能知难而进，不会因为别人的意见而否定自己，更不会因为别人的否定而动摇自己的意志。

可是，在我们的身边，有太多的人缺乏这种自信。他们常常会怀疑自己的能力，在事情还没有做之前，先否定了自己的想法。事情还没有结束，别人说了质疑的话，我们就开始怀疑自己是不是做错了，是不是没能力支撑到最后……总想着否定自己的人，是不可能坚持到最后的，所以也常常会错过机会。

我们做事情的时候，总会听到一些人的议论，他们甚至会对我们的做法提出赞同或者反对意见。对于这样的情况，我们应该有较强的分辨能力，如果自己是对的，就不应该为别人所左右。

他是英国的一位年轻建筑设计师，应邀参加了温泽市政府大厅的设计。

他运用工程力学的知识，根据自己的经验，很巧妙地设计了只用一根柱子支撑大厅天顶的方案。

一年后，市政府请权威人士进行验收时，对他设计的一根支柱提出了异议。他们认为，用一根柱子支撑天花板太危险了，要求他再多加几根柱子。

年轻的设计师十分自信，他说："只要用一根柱子便足以保证大厅的稳固。"他通过详细计算和列举相关实例加以说明，拒绝了工程验收专家们的建议。

他的固执惹恼了市政官员，年轻的设计师险些因此被送上法庭。

在万不得已的情况下，他只好在大厅四周增加了四根柱子。不过，这四根柱子全部都没有接触天花板，其间相隔了无法察觉的两毫米。

300年过去了，人们发现了这个秘密。消息传出，世界各国的建筑师和游客慕名前来，观赏这几根神奇的柱子，并把这个市政大厅称作"嘲笑无知的建筑"。最让人们称奇的是这位建筑师当年刻在中央圆柱顶端的一行字：自信和真理只需要一根支柱。

由此可见，别人给出的意见，并不一定都是正确的，即使有时候我们一个人在跟大多数人抗衡，也有可能是大多数人错了。所以，如果觉得自己能够做到，就不要怀疑自己，不要因为别人的话就轻易否定自己。只有相信自己的人，才能坚定地走自己的路，而不被别人左右。

【心灵感悟】

只有自信的人，才能坚定自己的步伐。所以，不管做什么事情，我们都应该保持自信，坚定地对自己说："我一定可以做到！"

别为迎合别人而改变自己

哲学家告诉我们，做我们所喜欢的，
然后成功就会随之而来。
——巴菲特

古语说："以铜为镜，可以正衣冠；以人为镜，可以明得失。"意思是说，每个人都是一面镜子，我们可以从别人身上发现自己，认识自己。然而，如果一个人总是拿别人当镜子，那么那个真实的自我就会逐渐迷失，从而难以发现自己的独特之处。

有这样一则寓言：

有两只猫在屋顶上玩耍，一不小心，一只猫抱着另一只猫掉到了烟囱里。当两只猫同时从烟囱里爬出来的时候，一只猫的脸上沾满了黑烟，而另一只猫脸上却是干干净净。干净的猫看到满脸黑灰的猫，以为自己的脸也又脏又丑，便快步跑到河边，使劲儿地洗脸；而满脸黑灰的猫看见干净的猫，以为自己也是干干净净，就大摇大摆地走到街上，出尽洋相。

故事中的那两只猫实在可笑，它们都把对方的形象当成了自己的模样，其结果是无端的紧张和可笑的出丑。它们的可笑在于没有认真地观察自己是否弄脏，而是急着看对方，把对方当成了自己的镜子。同样道理，不论是自满的人和自卑的人，他们的问题都在于没有了解自己，形成对自身的清晰而准确的认识。

每个人都有自己的生活方式与态度，都有自己的评价标准，我们可以参照别人的方式、方法、态度来确定自己采取的行动，但千万不能总拿别人当镜子。总拿别人做镜子，傻子会以为自己是天才，天才也许会把自己照成傻瓜。

胡皮·戈德堡成长于环境复杂的纽约市切尔西劳工区。当时正是"嬉皮士"时代，她经常打扮得很流行，身穿大喇叭裤，头顶阿福柔犬蓬蓬头，脸上涂满五颜六色的彩妆。为此，她常遭到住家附近人们的批评和议论。

一天晚上，胡皮·戈德堡跟邻居友人约好一起去看电影。时间到了，她依然身穿扯烂的吊带裤和一件绑染衬衫，还有那一头阿福柔犬蓬蓬头。当她出现在朋友面前时，朋友看了她一眼，然后说："你应该换一套衣服。"

"为什么？"她很困惑。

"你扮成这个样子，我才不要跟你出门。"

她怔住了："要换你换。"

于是朋友转身就走了。

当她跟朋友说话时，她的母亲正好站在一旁。朋友走后，母亲走向她，对她说："你可以去换一套衣服，然后变得跟其他人一样。但你如果不想这么做，而且坚强到可以承受外界嘲笑，那就坚持你的想法。不过，你必须知道，你会因此引来批评，你的情况会很糟糕，因为与大众不同本来就不容易。"

胡皮·戈德堡受到极大震撼。她忽然明白，当自己探索一条可以说是"另类"存在方式时，没有人会给予鼓励和支持，哪怕只是一种理解。当她的朋友说"你得去换一套衣服"时，她的确陷入两难抉择：倘若今天为了朋友换衣服，日后还得为多少人换多少次衣服？她明白母亲已经看出她的决心，看出了女儿在向这类强大的同化压力说"不"，看出了女儿不愿为别人改变自己。

人们总喜欢评判一个人的外形，却不重视其内在。要想成为一个独立的个体，就要坚强到能承受这些批评。胡皮·戈德堡的母亲的确是位伟大的母亲，她懂得告诉她的孩子一个处世的根本道理——拒绝改变并没有错，但是拒绝与大众一致也是一条漫长的路。

胡皮·戈德堡这一生始终都未摆脱"与众一致"的议题。她主演的《修女也疯狂》是一部经典影片，而其扮演的修女就是一个很另类的形象。当她成名后，也总听到人们说："她在这些场合为什么不穿高跟鞋，反而要穿红黄相间的快跑运动鞋？她为什么不穿洋装？她为什么跟我们不一样？"可是到头来，人们最终还是接受了她的影响，学着她的样子绑黑人细辫子头，因为她是那么与众不同，那么魅力四射。

做一个真正的自我，这比什么都重要。只有具备了自我，别人才会尊重你甚至欣赏你，而找回自我是每个人在心灵上的最大快乐。

【心灵感悟】

成功者总是具有坚强的品质和自我性格，他们不会因为迎合别人而改变自己，因为他们知道自己的步伐，知道怎样的速度才能适合自己。

当风雨过去，你还是你

> 可以说，苦难是一种财富，是未来人生的本钱。
>
> ——史玉柱

　　"祝你一帆风顺""一路平安""一切顺利"是人们常说的祝福语，每当我们和亲朋好友告别或者节日里话祝福的时候，这些词语总是最先出现在我们的脑海之中。从这些祝福语中我们可以看到大家都希望日子过得顺顺利利、平平安安，没有挫折与苦难。然而现实中的生活总是无奈的，要知道经历过风雨才能见彩虹。

　　一位智者说过："没有苦难的人生不是真正的人生。"一个人只有经过困境的砥砺，才能焕发生命的光彩。沿着岁月的河道，我们回溯到几千年前的印度，无数先哲用瑜伽的朴素方式苦苦修习一种心性，耐住寂寞，来印证着生命的不凡，让人们读懂了苦难的许多真义。当我们仔细去品味诸如蚌病生珠、万涓成河、蛹化成蝶的故事时，心灵会在刹那间被一种神奇力量击中，那就是他们能忍受苦难的侵袭，让时间在挫折面前停止，最后化为最美丽的一面。

巍峨的大树，其挺拔的身姿是在与狂风暴雨搏斗后磨砺出来的；精良的斧头，其锋利的斧刃是在铁匠手中千锤百炼打造出来的。一个不容忽视的现实是，顺境中的人往往"苗而不秀，秀而不实"，那是因为温室里的幼苗经不起风吹雨打。所以，苦难才能成就完整的人生，缺少了生活的磨炼，也就缺少了积累人生无价财富的机会。

火石不经摩擦就不会迸发出火花，同样，人若不遭遇苦难，生命之火就不会绚烂。苦难并不可怕，它可以磨炼人的意志，给人信心、毅力和勇气。不曾跌倒的人，怎么会知道跌倒的滋味呢，又怎会知道跌倒了该如何爬起来？对于一个人来说，苦难确实是残酷的，但如果你能熬过去，苦难会馈赠给你很多。要知道，在困难面前耐得住，才能从一次次的跌倒、爬起的过程中增长见识。

由此看来，经历苦难并不是一件坏事，相反，它是成功人生必经的阶段，这个阶段要靠韧性来完成。帕格尼尼、世界超级小提琴家，他是一位在苦难中把生命之歌演奏到极致的人：4岁得了一场麻疹和强直性昏厥症；7岁患上严重肺炎，只得大量放血治疗；46岁因牙床长满脓疮，拔掉了大部分牙齿，其后又染上了可怕的眼疾；50岁后，关节炎、喉结核、肠道炎等疾病折磨着他的身体与心灵，后来声带也坏了。他仅活到57岁。

身体的创伤没有将他击垮。他从13岁起，就在世界各地过着流浪的生活。他曾一度将自己禁闭，每天疯狂地练琴，几乎忘记了饥饿和死亡。

这样的一个人，却奏出了最美妙的音乐。3岁学琴，12岁开了首场个人音乐会。他令无数人陶醉，令无数人疯狂！

乐评家称他是"操琴弓的魔术师"。歌德评价他："在琴弦上展现了火一样的灵魂。" 李斯特大喊："天哪，在这四根琴弦中包含着多少苦难、痛苦与受到残害的生灵啊！"苦难净化心灵，悲剧使人崇高。也许上帝成就天才的方式，就是让他在苦难这所大学中进修。

弥尔顿、贝多芬、帕格尼尼，世界文艺史上的三大怪杰，一个成了瞎子，一个成了聋子，一个成了哑巴！这就是最好的例证。

苦难，在这些不屈的人面前会成为一种礼物，使他们获得人格上的成熟与伟岸、意志上的顽强和坚韧、对人生和生活的深刻认识。风雨过去，他们仍保留着自我本色，抬着高昂的头颅前进。

苦难本是生命旅途中一道不可不观的风景，是竖立在现实和未来之间一扇纸糊的门，你只要敢于捅破，前方便是坦途。

【心灵感悟】

让自己接受风雨的洗礼，任凭火焰熊熊的炼狱，灵魂仍要保持本色，这样生命才能显露出金子般的成色……